JN182806

経済時系列と季節調整法

高岡　慎［著］

朝倉書店

まえがき

本書は，朝倉書店〈統計解析スタンダード〉シリーズの中の１冊として，特に経済データへの統計学の応用事例である季節調整法について解説するものである．経済データへ統計学を適用する学問領域としては，まず計量経済学が想起される．計量経済学は，経済現象を説明するために構築された経済理論の妥当性の実証や，その際に生じる様々な統計理論上の問題についての研究を主な目的としており，現代の経済学研究の中で主要な位置を占めている．一方，季節調整は，そうした経済理論の実証以前の，データの特性自体に関わる統計的な問題の一つである．

経済時系列データが，毎年類似したパターンを示しながら変動するケースは非常に多く，そのような変動は季節性と呼ばれる．また，データから季節性を除去する操作は季節調整と呼ばれる．主要な経済時系列が季節性をもつことは経験的にはよく知られており，近年では官庁統計でも原系列とともに季節調整が行われた系列が同時に公表されることが多い．データを用いた計量的な経済分析では，不適切な季節調整済系列の利用が分析結果に歪みをもたらす可能性があるため，計量分析の前段階として季節調整の適切性に注意を払う必要がある．また，季節調整が実際にどのような手順により行われているかについては，一般的にはあまり認識されていないという問題もある．例えば，四半期別 GDP 速報から計算される直近の前期比成長率は，公表のたびに新聞などでも大きく報道され世間の耳目を集めるが，前期比成長率を計算するためには四半期 GDP 系列の季節調整が必要であり，前期比成長率は季節調整法によりかなり影響される．本書で説明するように，直近の季節調整系列には将来の変動の予測値が含まれているため，前期比成長率も本来は予測誤差を含む数値として利用されるべきであるが，現実にはいったん公表されると確定的な値として認識され，景気の現状の把握や経済政策の是非といった議論に用いられる傾向があるように思われる．このように，季節調整は社会的影響が比較的大きいにも関わらず，あまり注意が払われることが少ない問題であるという側面がある．本書では，こうした季節調整の技術的な部分について解説をしている．ここでは季節性として現れる周期性の処理が関心の対象であり，経済学や経済理論とはあまり関係はなく，年次や四半期で観測される離散的な時系列に対するスペクトル解析や信号処理といった工学的手法の応用が主要な話題となる．

以下，簡単に本書の内容について概観しておく．まず第1章から第5章では，季節性として処理されるべき周期的変動の一般的な特徴について説明すると同時に，様々な季節調整法のベースになっている統計的手法について解説する．第2章は記述統計的な季節調整の方法について触れ，第3章では季節調整に関連する時系列モデルについての数学的な解説をしている．ただし，第3章では一般的な時系列分析のテキストではあまり触れられない自己共分散母関数と，それに関連する話題として「和の定理」にやや多くの紙面を割いている．これは，これらの内容が第8章で扱う季節調整プログラムTRAMO-SEATSの計算手順に密接に関連しているためである．第4章では，季節性以外の周期的変動の原因となる曜日効果について，その周波数領域における特徴を中心に説明している．第5章では時系列を複数の成分に分解する際に用いられる移動平均フィルタの様々な構成法を説明する．第6章以降では，実際に季節調整に利用されているソフトウェアを章ごとに取り上げ，各ソフトで実行される処理の内容を概説する．本書では，米国商務省センサス局のX-11，X-12-ARIMA，スペイン銀行のTRAMO-SEATS，日本の統計数理研究所で開発されたDecompなどの方法を取り上げている．最後の第11章では，日本国内の官庁統計で広く利用されているX-12-ARIMAに関し，財務省の法人企業統計における利用の実例についてまとめた．X-12-ARIMAは，ユーザーが調整できるオプション項目が非常に多く柔軟性が高いという利点があるが，それが逆に実務現場での利用の難しさに繋がっている面がある．法人企業統計では，X-12-ARIMAのオプション設定に独自の工夫を導入しており，X-12-ARIMAの運用に関して参考になると思われる．

なお，本書は統計学について基礎的な知識のある読者を対象としており，例えば確率変数，確率分布，平均，分散といった概念や用語は定義などを示さずに使用している．これらについてあまり習熟していない読者にとっては，例えば本シリーズの1冊である『応用をめざす数理統計学』などが参考になるだろう．

最後に，本書執筆の機会とともに多くの有益なコメントをくださった東京大学大学院経済学研究科国友直人教授にこの場を借りて感謝の意を表したい．また，常に遅れがちになる筆者の作業に辛抱強く付き合いご尽力いただいた朝倉書店編集部諸氏へ深く謝意を表する次第である．

2015年11月

高岡　慎

目　　次

Chapter 1

はじめに

月別や四半期別で集計され作成される経済時系列データの多くは1年を周期とする規則的な変動を含んでおり，こうした周期的な変動は「季節性」や「季節変動」と呼ばれている．また，原系列から季節変動を除去し平滑化する統計的操作を「季節調整」と呼ぶ．季節変動が除去された系列は「季節調整済系列」と呼ばれる．政府や官公庁によって作成，公表されている官庁統計では，多くの系列で原系列だけでなく季節調整済系列もあわせて公開されており，実際の経済分析でも季節調整済系列は広く利用されている．しかしながら，季節調整済系列がどのような統計的処理により算出されているかは，一般にはあまり知られていない．本書では季節調整に関わる様々な統計的手法について解説する．

1.1 経済時系列の季節性

図1.1は2007年から2014年にかけての国内の月次百貨店売上高の系列を表している．図中の縦の点線は各年の1月を表す．全体的な傾向としてはこの期間に減少していることがわかるが，顕著な特徴として毎年類似した変動パターンが繰り返されていることが見て取れる．これが経済時系列に現れる典型的な季節変動である．

一般にこのような季節変動が生じる原因には以下のようなものが挙げられる．

(1) 季節的な自然条件の変化

(2) カレンダーの周期性

(3) 経済・経営に関する制度や慣習

(4) 社会的慣習

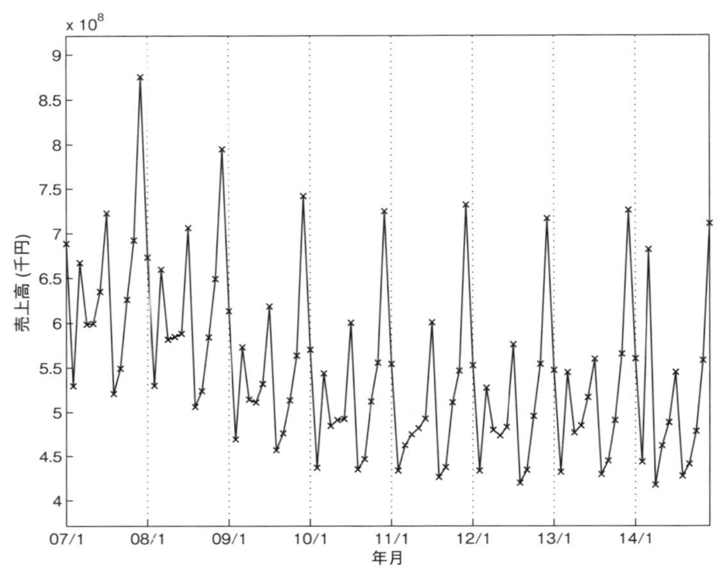

図 1.1 全国百貨店売上高

(1) は四季の寒暖変化などにより生じる変動を指している．例えば農業生産は季節の変化に直接的な影響を受ける．また，需要面においても，夏季に清涼飲料水やビールなどに対する需要が高まり，冬季に灯油の需要が高まるといった変化がもたらされる．

(2) はカレンダーにおける曜日の配置や周期性が原因となって生じる周期変動である．まず単純に，1 月から 12 月までの各月の日数が異なっていることから，各月の営業日の日数にも差が生じる．上記の百貨店売上高では，各年の売上のうち 2 月は常に低い数値になっているが，これは営業日数の差の結果と考えられる．さらに，営業日数は周期的な変化が伴う．カレンダー上では 1 年ごとに曜日が 1 日ずつずれてゆくため，同じ月でも年によって各曜日の日数には変化が生じる．こういった集計操作の結果発生する変動を「曜日効果」と呼ぶ．また，経済活動は祝祭日によっても影響を受けるが，こうした影響は「休日効果」と呼ばれる．

(3) は企業の経済活動における慣習などから発生する変動である．例えば，決算期に売上高を嵩上げするなど，多くの企業が慣習的に行っている会計処理上の操作により周期的変動が発生することがある．

(4) は，正月，ゴールデンウィーク，盆，クリスマスといった，社会的慣習に伴う国民の経済活動の変動を表している．こうした要因は国ごとに異なっており，近年では中国などとの経済的関係が緊密になるにつれ，日本国内の貿易や観光産業に関わる統計の中に，東アジア諸国で広く行われている旧正月の影響が現れるケースも多くなってきている．

図 1.1 のデータに関しては，各年は 2 月または 8 月において最小値になっている．2 月が少ない理由は，単純にカレンダーに従った集計の結果であると考えられる．2 月の日数は 28 日または 29 日で，他の月に比べ 2 日または 3 日，日数が少ない．この売上データは日々の売上高を月次に集計したものであるため，日数の大小が月ごとの売上高に大きく影響している．他方，8 月に売上が少ない原因は，主に社会的慣習によるものであろう．

1.1.1　季節調整と経済分析

経済データを用いて経済分析を行う主な目的は，中長期的な推移の把握，景気動向や転換点の特定，様々な経済変数間の関係性の推定，将来の変化の予測，政策的効果の計測・シミュレーションといったものであるが，こういった分析においてデータの季節変動は多くの場合邪魔なノイズとなる．そうした場合には，原系列から季節的変動を除去した季節調整済系列 (以下，季調済系列という) を利用することが多い．ここで季節調整とは，経済時系列 (月次データ・四半期データ) の動きを傾向変動，循環変動，季節変動，不規則変動の 4 成分に分解・推計し，季節変動成分を元の系列から除去した季調済系列を求めることである．季節調整の目的は，天候や社会習慣等の影響によって毎年季節的に繰り返される変動を経済データから除去することによって景気の転換点等経済の基調的な動向や経済諸変数間の関係をより的確に把握することにある．

季調済系列が利用されるより実際的な理由としては，季節変動を避けるために年次集計された系列のみを用いると，利用できるデータの数が大幅に限定されるという点がある．また，季節性を排除する簡便な方法の一つとして前年同期比が利用されることも多いが，数ヶ月単位のより短い期間におけるデータの変動が関心の対象である場合には，前年同期比は不適切であることも多い．

しかし，真の季節変動を知ることはできないため，通常は季節変動に関して何らかの先験的な仮定を置いた上で推計を行う．このため，季節調整における仮定が現実に照らしてみて妥当でないならば，原系列に含まれる情報が季節調整により歪められる可能性がある．また，最新の数値を追加して更新された季調済系列が更新する前の季節調整値から大幅に改定されてしまう問題や，季調済系列が時として不自然な動きを示す問題もある．したがって景気判断や経済分析を行うためには，季節調整の手法や利用法，さらにはその限界等について理解を深めておくことが重要である．

1.2 季 節 調 整 法

1.2.1 時系列の分解

季節性を議論する際には，時系列がそれぞれ異なる統計的特徴をもついくつかの成分に分解できると仮定し，これを模式的なモデルを用い

$$O_t = TC_t + S_t + I_t \tag{1.1}$$

と表現する．ここで O_t は原系列，TC_t はトレンドサイクル成分，S_t は季節成分，I_t は不規則成分を表している．各成分は次のような特徴をもつと想定される．

① TC_t：トレンドサイクル成分*1)

経済成長等に伴って生じる長期的な上昇または下降傾向を示す変動 (トレンド) および景気循環に伴う (1 年以上の) 周期的な変動 (サイクル)．

② S_t：季節変動

1 年を周期とする周期的変動．

③ I_t：不規則変動

上記の変動以外の変動で不規則な変動．

(1.1) 式のように原系列が各成分の和で表されるモデルは加法型と呼ばれる．そ

---

*1) TC_t は，トレンド成分 T_t と循環成分 C_t に分けて考える場合もある．1 年よりも長い周期でゆっくり変動する循環成分 C_t は，景気変動に対応していると考えられるため，景気循環論などの分野ではこのような時系列の分解において C_t を推定することが積極的な意味をもつこともあるが，季節調整が目的の場合はトレンドと合成された TC_t 成分として扱うことが多い．

の他にも，原系列が負の値を取らない場合には

$$O_t = TC_t \times S_t \times I_t \tag{1.2}$$

のように，原系列が各成分の積で表される乗法型分解を考えることができる．乗法型モデルは原系列を対数変換することにより加法型の分解を適用することもできる．すなわち

$$\log O_t = \log (TC_t \times S_t \times I_t) = \log TC_t + \log S_t + \log I_t$$

として，$\log O_t$ に対して加法型分解を当てはめる．

このような分解が可能であるとしたときに，いわゆる季節調整とは原系列 O_t から季節成分 S_t を除去する操作を指している．したがって季調済系列 A_t は

$$A_t = \begin{cases} TC_t + I_t & (\text{加法型}) \\ TC_t \times I_t & (\text{乗法型}) \end{cases} \tag{1.3}$$

と定義される．ここで直接観察できるデータは原系列 O_t のみであるため，季節調整を実行するためには何らかの手段により O_t から各成分を推定し，原系列を要素に分解する必要がある．こうした分解のための統計的手法のことを季節調整法と呼ぶ．

本書では，季節調整法における様々なアプローチを概観し，それらの理論的背景について解説する．

1.2.2 季節調整の論点

実際に現実のデータに対して季節調整を行う際には，多くの場合次に挙げる問題に対する処理の仕方を同時に考える必要がある．

(1) 可変的な季節変動の扱い

(2) データの端点付近の処理

(3) 異常値への対応

(4) データの構造変化

(5) 曜日効果への対応

(6) 休日効果への対応

(1) は，季節変動の性質をどのように仮定するかという問題である．季節変動は大きく分けて固定的季節変動と可変的季節変動に分類できる．固定的季節変

動とは，変動パターンがデータの全期間にわたって変化しない季節変動を指す．可変的季節変動は，変動パターンが長期的には緩やかに変化していくような季節性を指す．現実の経済時系列では季節変動パターンがまったく変化しないという状況は考えにくいが，データの性質としてパターンの変化が比較的小さい系列と大きい系列に分けることはできる．変化が小さく，近似的には固定的と考えられるようなデータは，比較的単純な記述統計的処理により季節変動を抽出することができる．固定的季節変動の処理については第2章にまとめた．

可変的季節変動に対してはより注意深い処理が必要となる．季節パターンの変化は，長期的な気候の変化，経済・社会における慣習の変化などの要因によって生じるため，通常はゆっくりとしたものである．このような性質の変動を処理する際にもっともよく使われる方法は移動平均法であり，現在利用されている季節調整ソフトウェアのほとんどは，何らかの形で移動平均法を利用している．

(2) は，移動平均法を利用する際に生じる問題である．ある系列 x_t に対して移動平均を適用し，系列 y_t を算出する状況を考えよう．

$$y_t = \sum_{j=-k}^{k} w_j x_{t+j}$$

w_j は移動平均のウェイトを表す．y_t は時点 t からみて過去および将来の x_t の値から計算される．しかしながら，t が最新時点で，$\{x_t, x_{t-1}, x_{t-2}, \ldots\}$ というデータしか利用できない場合は y_t を求めることができないため，利用可能な過去のデータ $\{x_s\}$ $(s \leq t)$ のみを利用した何らかの代替的な方法を採用せざるを得ない．経済分析では直近の季節調整値に関心が集まることが少なくないため，どのような手段で代替するかは重要な問題となる．

(3) および (4) は，異常値やレベルシフトのような非周期的な変動の影響をどのように処理するかという問題である．例として図 1.1 の 2014 年の変動を注意して見てほしい．2014 年に限っては，他の年と異なり 3 月に数値が大きく増加し，4 月に大きな減少が発生している．これは 2014 年 4 月 1 日から消費税が 5 %から 8 %に増税されたことに伴う，いわゆる駆け込み需要と反動による減少が原因となっている．周期的な季節性を捉えるにあたっては，このような一時的な要因による局所的な変化を適切に処理することが重要となる．もう一つ別の系列を見てみよう．図 1.2 は対世界の輸入額の時系列のうち，2005

年から2014年の数値を月別に表示したグラフである．データは財務省貿易統計による．図1.2では2008年後半から2009年前半にかけて異常なデータの変化が現れている．これはいわゆるリーマンショックに端を発した世界的な金融危機を反映した変動である．この系列では，2009年以降のデータがまとまって下方向に平行移動したように動いており，もしこれがなければ全体が右上がりのトレンドをもって繋がっているようにみえる．こうした一定期間にわたって系列の平均水準がスライドするような変動のパターンはレベルシフトと呼ばれる．このように通常の変動パターンを大きく乱すような突発的な変動がある場合，移動平均の値も大きく影響を受けて季節調整に歪みが生じる可能性があるため，異常値やレベルシフトのような変動は，季節調整のプロセスの中で適切に扱う必要がある．

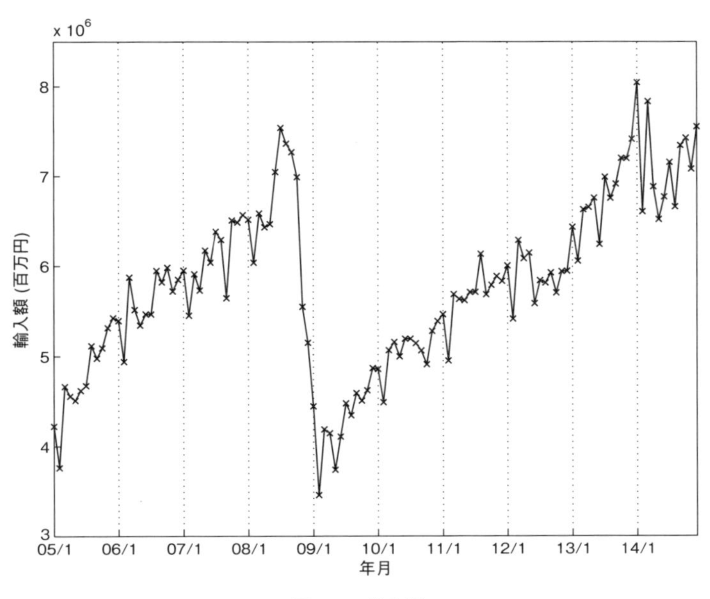

図 **1.2** 輸入額

(5) および (6) は，カレンダー上の曜日や休日の配置から生じるデータの変動を意味する．曜日効果については第4章で詳しく触れる．休日効果は毎期の営業日数の変化などから発生する変動だが，祝祭日は国によって異なるので，データが関係する地域に合わせた適切な対応が必要となる．近年の日本では，東アジア諸国との経済的結びつきが強くなるにつれて，中国などで行われている旧正月の影響が大きくなってきている．

季節調整は，どのような方法により時系列の分解を行うかに加えて，上記のような問題をどのように処理するかによって，様々な手法に分かれている．

1.3 季節調整法とソフトウェア

季節調整は，経済時系列分析における理論的課題であると同時に，官公庁などが公式の統計を公表するにあたって適切な季調済系列を作成する必要があるといった実際的な問題でもあるため，理論面での研究が深められると同時に，開発された手法を電子計算機で実行するためのソフトウェアへの実装が行われてきた．このため，季節調整における計算プロセスは，数学的手法よりもソフトウェアの名前によって分類される傾向がある．本書でも，時系列分析の基礎的な内容などについては章を設けて扱うが，それ以降はソフトウェアごとに章に分けて解説をする構成となっている．

さて，季節調整法には大別して二つのアプローチがなされてきた．一つは経験的調整法 (empirical approach) と呼ばれるもので，もう一つはモデルベース調整法 (modelling approach) と呼ばれる．前者は移動平均型調整法などと呼ばれる場合もある*2)．また，統計的手法の面に注目すると，経験的調整法はノンパラメトリックな方法，モデルベース調整法はパラメトリックな方法という場合もある．

経験的調整法は，基本的に扱うデータに関する先験的な情報に依拠せずに，適当な線形フィルタを選択し利用することによって各要素を抽出する方法である．

*2) いずれの調整法に関しても，最終的にデータに対してどのような操作を行ったかについては，移動平均フィルタの形式に帰着させて分析をすることになる．このため，各手法の違いは，移動平均フィルタのウェイトをどのような方法で決定しているかという違いであるとみることもできる．したがって，移動平均型季節調整法という名称はやや紛らわしい．例えば，移動平均型調整法の代表である X-12-ARIMA でも，計算のプロセスにおいて時系列モデルを多用しているが，時系列の分解に用いる移動平均フィルタは経験的に構成されているため，移動平均型調整法に分類される．

このような方法を実現する手段としては，米国商務省センサス局による X-11 や X-12-ARIMA などが代表的であり，現在世界的にみてもっとも広く普及している．これらのプログラムでは，どのようなフィルタを使用するべきかなどを設定するための多くのオプションが用意されており，ユーザーは自分の判断で様々な調整法を構成し適用することができる．

モデルベース調整法は，直接観測されないトレンド，季節成分，不規則成分といった各要素について，明示的にパラメトリックな統計モデルを仮定し，推定によって得られたパラメータの値に基づいてフィルタを構成するという考え方である．その際に，例えば各成分の推定量の平均二乗誤差を最小化するといった，何らかの統計的基準を最適に満たす解として，移動平均のウェイトが導出されることになる．

こうしたことから，経験的調整法に対しては，「統計モデルを明示的に仮定していないため調整結果の統計的性質や最適性が不明瞭である」といった批判がなされることが多い．データが従う統計モデルを明示的に設定するモデルベース調整法は，この点においては優れているものの，トレンドや季節性といった成分は実際には観察できないため，仮定するモデルが適切であるかどうかは不明瞭であるという問題がある．現実の経済時系列データは外部からの様々な影響によって変動することも多いため，得られる結果の頑健性については，モデルベース調整法が必ずしも優れているとは限らない点には注意が必要であろう．

本書では，経験的調整法の代表として X-12-ARIMA を，モデルベース調整法の代表として TRAMO-SEATS および Decomp をそれぞれピックアップし，次章以降でその統計的手法とプログラムの概要を説明する．

その他にも季節調整法には様々なものがある．国外で開発された主要な手法を表 1.1 に示した[*3)]．

---

*3) Ladiray and Quenneville (2001) による．

表 1.1 主要な季節調整法

<table>
<tr><td rowspan="8">季節調整法</td><td rowspan="3">経験的調整法
(ノンパラメトリック)</td><td>移動メディアン</td><td>SABL (1982)</td></tr>
<tr><td>ノンパラメトリック回帰</td><td>STL (1990)</td></tr>
<tr><td>移動平均</td><td>X-11 (1965)
X-11-ARIMA (1988)
X-12-ARIMA (1996)
X-13-ARIMA-SEATS (2006)</td></tr>
<tr><td rowspan="3">モデルベース調整法
(パラメトリック)</td><td>ARIMA モデル</td><td>TRAMO-SEATS (1996)</td></tr>
<tr><td>構造モデル</td><td>BAYSEA (1980)
Decomp (1985)</td></tr>
<tr><td>確定的モデル</td><td>DAINTIES (1979)
BV4 (1983)</td></tr>
</table>

Chapter 2
季節性の要因

経済時系列の要素の中で季節変動は，他の要素に比べて理解しやすいことから，短期的な動向を分析するために原系列から季節要素を除いて傾向変動や循環変動を捉えるために重視された．このような統計的操作は季節変動調整あるいは季節調整と呼ばれ，経済時系列分析の中でも特に重要視され，歴史的にも様々な方法が提案されてきた．本章では，単純な計算手続により季節変動を抽出したり除去したりする記述統計的な手法を概観する．

2.1　季節変動の考え方

季節変動は1年以内に生じている周期変動で，月次データであれば12ヶ月以内の周期成分となる．第1章の分解式でみたように，原系列から季節変動を除去することができれば傾向変動や循環変動を把握するために役立つ．また，短期的な動向を捉える場合には，傾向変動や循環変動よりも変動パターンが捉えやすいため時系列分析ではまず取り上げられる．

季節変動とは天候や社会習慣等の影響によって毎年季節的に繰り返される変動で，これを経済データから除去すれば，景気の転換点等経済の基調的な動向や経済諸変数間の関係をより的確に把握することができる．しかしながら，季節変動はその存在自体が明らかでも真の季節変動は観測不能であり，実際には，その変動に関して何らかの先験的な仮定を置いて推計することになる．したがって，仮定が妥当なものでないならば，原系列に含まれる情報が季節調整により歪められる可能性が高くなることに注意する必要がある．

季節変動パターンの捉え方には，季節要素は毎年変化しないと仮定する固定的季節変動と毎年徐々に変化することを許容する可変的季節変動とがある．また，季節変動の値は，原系列と同じ単位で表す場合と，季節変動の 1 年平均を 100 とした指数で示す場合がある．前者は加法型で多く用いられ，後者は季節指数と呼ばれ乗法型で用いられることが多い．

季節変動を求めるための方法のうち，主なものとしては

(1) 月別 (四半期別) 平均法
(2) 連環指数法
(3) 前年同月 (期) 比
(4) 移動平均法
(5) 回帰分析による方法

などが挙げられる．以下ではこれらの方法の概要を順にみてゆく．

まず季節変動が安定しており，固定的であると考えられる場合には，月別平均法および連環指数法が利用できる．季節変動が可変的である場合には前年同月 (期) 比や移動平均法が使われる．また，複数の時系列間の関係性を考慮する経済分析では，季調済系列を用いると問題が生じる場合がある．このようなケースでの対応の一つに回帰モデルを用いる方法がある．

2.1.1 月別 (四半期別) 平均法

原データが月次データの場合には，各年の 1 月，2 月，…，12 月の平均値 $\bar{Y}_1, \bar{Y}_2, \ldots, \bar{Y}_{12}$ を求める．次にこれらを基準化するために全体の平均 $\bar{Y}$ を用いて

$$\text{加法型}: \bar{Y}_i - \bar{Y}$$

または

$$\text{乗法型}: \frac{\bar{Y}_i}{\bar{Y}} \times 100$$

という形で，季節変動 (乗法型の場合には季節指数) を求める．原系列が四半期データで与えられている場合には，各四半期ごとの平均からまったく同じ方法，すなわち四半期別平均法によって季節変動を求めることができる．

この方法を実際に適用するためには前もってトレンドを除去しておかなければならない．その理由は，上昇トレンドがある場合には，データが 1 月に始まり

12 月に終わっていれば，必然的に 12 月の平均が 1 月の平均よりも大きくなってしまうからである．

2.1.2 連環指数法

固定的季節変動を捉えるために用いられる方法の一つに連環指数法がある．連環指数法は

- 系列が乗法型モデルに従う．

$$O_t = T_t \times S_t \times I_t$$

- 季節性が固定的である．

$$S_t = S_{t-s} \ \ (s \text{ は季節周期})$$

- トレンドの変化率が一定である．

$$\frac{T_t}{T_{t-1}} = r^T = \text{一定}$$

という前提の下で，前期比を利用して季節指数を算出する方法である．K 年分の月次データが利用できるとき，連環指数法による季節指数は以下のようなステップにより計算される．

(1) 原系列の対前期比 $r_t = \frac{O_t}{O_{t-1}}$ を計算する．

(2) r_t の月別平均 $\bar{r}^{(j)}(j = 1, \ldots, 12)$ を求める．

(3) $\bar{r}^{(j)}(j = 1, \ldots, 12)$ の幾何平均 $w = (\bar{r}^{(1)} \times \bar{r}^{(2)} \times \cdots \times \bar{r}^{(12)})^{1/12}$ を求める．

(4) 仮の季節指数を $\widetilde{S}^{(j)} = \prod_{v=1}^{j} \frac{\bar{r}^{(v)}}{w}$ とする．

(5) 仮の季節指数の和が 1200 になるように全体を調整した数値を季節指数とする．

以上のステップはやや煩雑なので，各段階でどのような計算が行われているかを式に即して確認しておこう．まず，第 t 期の原数値 O_t について，第 t 期が第 k 年 j 月に相当するとして，$O_k^{(j)}$ と表記することにする．すなわち

$$O_t = O_{(k-1)s+j} = O_k^{(j)}$$

とする．ここで s は季節周期 (月次の場合は $s = 12$) とする．他の変数もこの表記を用いて月別に表記すると，上記の各ステップは

(1) 原系列の前期比 r_t を月別で表すと,

$$r_k^{(j)} = \frac{T_k^{(j)}}{T_k^{(j-1)}} \frac{S_k^{(j)}}{S_k^{(j-1)}} \frac{I_k^{(j)}}{I_k^{(j-1)}}$$

となる.

(2) r_t の月別の平均 $\bar{r}^{(j)}$ は

$$\bar{r}^{(j)} = \frac{1}{K}\sum_{k=1}^{K} r_k^{(j)} = \frac{1}{K}\sum_{k=1}^{K} \frac{T_k^{(j)}}{T_k^{(j-1)}} \frac{S_k^{(j)}}{S_k^{(j-1)}} \frac{I_k^{(j)}}{I_k^{(j-1)}}$$

となるが, 季節性が固定的でトレンドの変化率が一定であるという仮定の下で

$$\bar{r}^{(j)} = r^T \frac{S^{(j)}}{S^{(j-1)}} \times \frac{1}{K}\sum_{k=1}^{K} \frac{I_k^{(j)}}{I_k^{(j-1)}} \simeq r^T \frac{S^{(j)}}{S^{(j-1)}}$$

となる. ここで $S^{(j)}$ は j 月の季節成分を表している.

(3) $\bar{r}^{(j)}$ については

$$\bar{r}^{(1)} \times \cdots \times \bar{r}^{(12)} = r^T \frac{S^{(1)}}{S^{(12)}} \times \cdots \times r^T \frac{S^{(12)}}{S^{(11)}} = (r^T)^{12}$$

が成り立つので, $\bar{r}^{(j)} (j = 1, \ldots, 12)$ の幾何平均は

$$r^T = (\bar{r}^{(1)} \times \cdots \times \bar{r}^{(12)})^{1/12}$$

となっている.

(4) $\bar{r}^{(j)}$ を用いて仮指数 $\widetilde{S}^{(j)}$ を

$$\widetilde{S}^{(j)} = \prod_{v=1}^{j} \frac{\bar{r}^{(v)}}{r^T}$$

と定めると,

$$\widetilde{S}^{(j)} = \prod_{v=1}^{j} \frac{S^{(v)}}{S^{(v-1)}} = \frac{S^{(1)}}{S^{(12)}} \times \frac{S^{(2)}}{S^{(1)}} \times \cdots \times \frac{S^{(j)}}{S^{(j-1)}} = \frac{S^{(j)}}{S^{(12)}}$$

となることから, 仮指数 $\widetilde{S}^{(j)}$ は $S^{(j)}$ の定数倍になっていることがわかる.

(5) 仮指数の合計が 1200 になるように調整をする. すなわち

$$\widehat{S}^{(j)} = \frac{1200}{\sum_{v=1}^{12} \widetilde{S}^{(v)}} \widetilde{S}^{(j)}$$

を季節指数とする.

以上より，前期比から計算した $\widehat{S}^{(j)}$ が，直接観察できない S_t の変動に対応していることがわかる．

例として，第 1 章でみた百貨店売上高データに対して連環指数法を適用した結果を表 2.1 に示した．

表 2.1　百貨店売上高の季節指数

	2008	2009	2010	2011	2012	2013	2014	月別平均	修正平均	仮指数	季節指数
1 月	0.769	0.772	0.768	0.765	0.755	0.764	0.772	0.766	0.767	0.767	106.6
2 月	0.787	0.766	0.766	0.782	0.784	0.789	0.791	0.781	0.781	0.599	83.3
3 月	1.245	1.220	1.246	1.067	1.218	1.262	1.539	1.257	1.258	0.754	104.7
4 月	0.882	0.898	0.892	1.027	0.910	0.875	0.612	0.871	0.871	0.657	91.3
5 月	1.005	0.994	1.014	1.015	0.986	1.017	1.107	1.020	1.021	0.670	93.2
6 月	1.006	1.040	1.002	1.022	1.020	1.066	1.058	1.031	1.032	0.692	96.1
7 月	1.201	1.163	1.219	1.219	1.193	1.083	1.116	1.170	1.171	0.810	112.6
8 月	0.717	0.739	0.724	0.709	0.728	0.767	0.784	0.738	0.739	0.599	83.2
9 月	1.035	1.043	1.027	1.026	1.034	1.036	1.031	1.033	1.034	0.619	86.0
10 月	1.114	1.078	1.147	1.169	1.142	1.104	1.085	1.120	1.121	0.694	96.5
11 月	1.112	1.097	1.085	1.070	1.118	1.152	1.167	1.114	1.115	0.774	107.6
12 月	1.224	1.316	1.304	1.339	1.293	1.284	1.273	1.291	1.292	1.000	139.0

このようにして求めた季節指数を用いると，季調済系列は

$$\text{季調済系列} = \frac{\text{原系列}}{\text{季節指数}} \times 100$$

という計算により求めることができる．図 2.1 に表 2.1 の季節指数を用いて計算した季調済系列を示した． グラフからわかる通りこの百貨店売上高データの季節性は固定的季節性に近いので，季節指数により季節性がよく除去されている．

2.1.3　前年同月 (期) 比

前年同月比は計算が容易なことから用いられることが多い．原系列 O_t (月次データ) が乗法型モデルに従うと仮定すると，その前年同月比は

$$\frac{O_t}{O_{t-12}} = \frac{TC_t}{TC_{t-12}} \times \frac{S_t}{S_{t-12}} \times \frac{I_t}{I_{t-12}}$$

で表される．ここで，季節変動が 1 年周期のおおむね安定的なパターンに従っていると仮定すると ($S_t \simeq S_{t-12}$)，前年同月比は

$$\frac{O_t}{O_{t-12}} \simeq \frac{TC_t}{TC_{t-12}} \times \frac{I_t}{I_{t-12}}$$

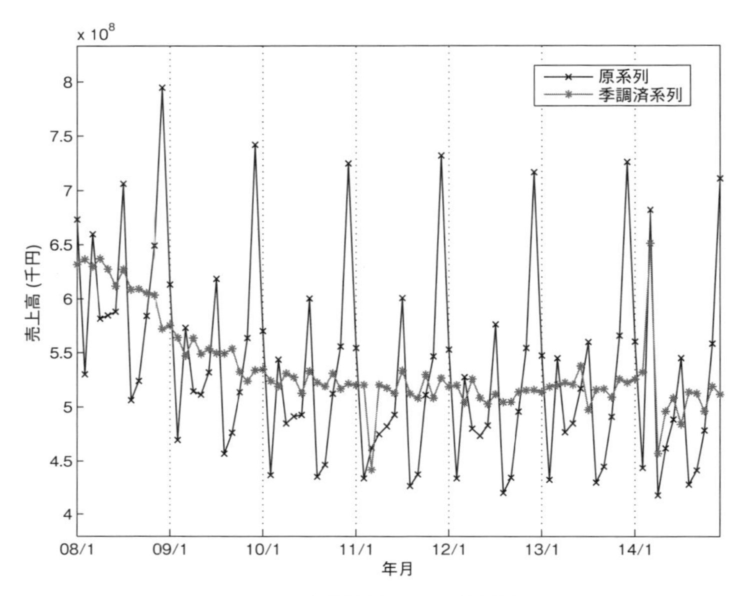

図 **2.1** 連環指数法による季節調整

となり，季節成分 S_t の影響を除去することができる．したがって，前年同月比は季節変動成分を除去する簡便な方法となっている．あるいは変化率

$$\begin{aligned}\frac{O_t - O_{t-12}}{O_{t-12}} &= \frac{O_t}{O_{t-12}} - 1\\ &= \frac{TC_t}{TC_{t-12}} \times \frac{I_t}{I_{t-12}} - 1\end{aligned}$$

を 100 倍してパーセントで表示することも多い．

しかしながら，この方法は対象とする時系列が乗法型よりもむしろ加法型に従っていると考えられる場合や，季節変動のパターンが一定ではない場合には適当ではない．また，時系列が乗法型でありかつ季節変動パターンが固定的で，さらに当年のトレンド・循環変動が一定であったとしても，前年のトレンド・循環変動のパターンによっては前年同月比の動きはまったく異なり得るといった問題がある．したがって，前年同月比の使用にあたっては，その指標の前年の動きに十分留意しなければならない．また，前年同月比は景気転換のタイミングについて誤った情報を与える可能性が高い．

2.1.4　移動平均法

時系列が長期間にわたるときは，季節変動の型が全期間を通じて一定であるとする仮定は不自然となることが多いので，可変季節変動指数を考えることが必要となる．そのための方法の一つに移動平均法がある．

移動平均法とは，時系列の一部を取り出して平均値を求めることにより別の時系列を得る方法である．時系列 $\{X_j\}$ $(j=1,\ldots,n)$ に対して移動平均を適用した系列を $\{Y_j\}$ $(j=1,\ldots,n)$ とすると，二つの系列の関係は一般に

$$\begin{aligned} Y_t &= w_{-p}X_{t-p} + w_{-p+1}X_{t-p+1} + \cdots + w_0X_t + \cdots + w_qX_{t+q} \\ &= \sum_{j=-p}^{q} w_jX_{t+j} \end{aligned}$$

と表すことができる．ここで $w_{-p},\ldots,w_q$ は平均を取る際のウェイトであり，通常は $w_{-p}+\cdots+w_q=1$ が仮定される．上記の計算を，t を動かしながら繰り返し行うことにより系列 $\{Y_j\}$ $(j=1,\ldots,n)$ を求めるため移動平均法という名前が付けられており，この場合は X_{t-p} から X_{t+q} までの $p+q+1$ 項の加重平均となっているため，$p+q+1$ 項移動平均と呼ばれる．ウェイトがすべて等しい移動平均は，単純移動平均と呼ばれる．また，一般的には時点 t を中心にして左右に同じ数の項を用いる対称な移動平均 $(p=q$ となるケース$)$ が利用されることが多いため，以下では特に断らない場合は移動平均は対称なものを指すとする．なお，すぐに気づくことだが，データの端点付近では定義通りに移動平均を計算することができない．例えば，Y_n の計算には $X_{n+1}, X_{n+2},\ldots,X_{n+q}$ が必要だが，利用可能なデータは $X_1,\ldots,X_n$ であるため，Y_n を得ることはできない．こうした端点付近の計算をどうするかについては第6章で扱っている．

移動平均法は，元の系列 $\{X_j\}$ が含む細かい不規則な変動を除去するために用いられるが，季節性の除去のために用いることもできる．具体的には，月次データなら12項移動平均，四半期データなら4項移動平均を取ることによって，季節変動を取り除くことができる．ただし月次あるいは四半期データは偶数であるので，例えば1月から12月までの平均は6月と7月の中間の時点に対応することになる．そこで，12項移動平均を2回取った後にもう一度2項移動平均を行うことが考えられる．例えば1月から12月までの平均と，2月から翌年1月までの平均の平均はちょうど7月に対応すると見なすことができる．

この方法は，13 項の単純移動平均において，両端の 2 項のウェイトのみを他のウェイトの半分にした，対称な 13 項移動平均と等しくなる．この移動平均を適用することにより得られるのは，原系列から季節変動を取り除いた系列であり，それらはほぼトレンドとサイクルの系列 (TC と書く) であるから，これを原系列から引く (あるいは原系列を割る) ことによって，季節変動と不規則変動をあわせた部分 (これを SI 系列と呼ぶ) が得られる．

このように移動平均を利用する方法では季節変動 S_t の周期性を考慮した対称移動平均フィルタが用いられる．移動平均法は基本的には加法型モデルを想定した方法であり，乗法型が適切と思われるデータに対しては，全体を対数変換した系列に対して移動平均法を用いることもある．

以下では月次データの場合を考え，上記の手順を定式化しておく．季節変動 S_t は，ゼロを中心にして 12 ヶ月の周期をもつ変動と定義されるので，任意の時点 t の周囲での 13 項加重移動平均について

$$\sum_{j=-6}^{6} w_j S_{t+j} \approx 0$$

が成り立っているはずである．ここで w_j は移動平均のウェイトで，

$$w_j = \begin{cases} \dfrac{1}{24} & (j = -6, 6) \\ \dfrac{1}{12} & (-5 \leq j \leq 5) \end{cases}$$

とする．また，トレンドサイクル成分 TC_t は長期的な緩やかな変動をするので，この移動平均によって大きな影響を受けず，ランダムに細かく変動する I_t は移動平均によって変動が相殺されゼロに近くなると仮定すると，

$$\widehat{TC}_t = \sum_{j=-6}^{6} w_j O_{t+j} \approx TC_t$$

となると考えられる．$\widehat{TC}_t$ は TC_t の推定値を表す．これを原系列から差し引いた系列を SI_t とすると，

$$SI_t = O_t - \widehat{TC}_t \approx S_t + I_t$$

となる．さらに SI_t に関して，各月ごとに適当なウェイト (q_j) で移動平均をか

けると，I_t 成分が相殺され，S_t の推定値

$$\widehat{S}_t = \sum_{j=-k}^{k} q_j SI_{t+12\cdot j} \approx S_t \quad (1 \le k)$$

が得られる．I_t の推定値は

$$\widehat{I}_t = O_t - \widehat{TC}_t - \widehat{S}_t$$

とすればよいので，季調済系列は

$$A_t = \widehat{TC}_t + \widehat{I}_t$$

となる．

2.1.5 回帰分析による方法

ここまでに説明した方法は多くの統計データの作成に利用されているものの，いくつかの理論的な問題点が指摘されている．その主なものは，移動平均法に関する問題点である．移動平均法による季節調整は，特に経済モデルの推定に際しては好ましくない影響を与える場合がある．

例えば，ある経済変数の値がそれ以前の時期の他の変数の値によって定められるという場合を考えよう．経済変数における時の遅れはラグ (lag) と呼ばれる．このようなラグのあるモデルの推定に，移動平均によって季節調整されたデータを用いると，本当のラグの構造が解明できなくなる．このことを例示するために，説明変数 x のラグで従属変数 y の値が定められるモデル (分布ラグモデルという) として

$$y_t = \beta_0 x_t + \beta_1 x_{t-1} + \beta_2 x_{t-2} + u_t$$

を考えよう (ただし u_t は偶然変動とする)．ここで，x_t および y_t に移動平均法により算出した季調済データを用いると，y_t が将来の x_t および 3 期以上前の x_t にも依存するという結果が得られてしまう．

これらの難点を避けるために，回帰分析などの多変数間の関係の分析においては，季節変動調整前の系列を直接用いて分析を行う場合もある．ただし，その際ダミー変数と呼ばれる説明変数を導入して回帰分析を行うことにより季節変動の影響を取り除くという操作が行われる．

いま，観測される時系列 x_t と y_t は，それぞれ非季節変動成分 (=トレンド・循環・不規則変動成分) と季節変動成分から構成されているとすると

$$x_t = x_t^N + x_t^S \tag{2.1}$$

$$y_t = y_t^N + y_t^S \tag{2.2}$$

で表される．ここで x_t^N, y_t^N は非季節変動成分 (トレンド・循環・不規則変動成分) であり x_t^S, y_t^S は季節変動成分である．また，両変数間の真の関係は

$$y_t^N = \alpha x_t^N + u_t, \quad u_t \sim N(0, \sigma_u^2) \tag{2.3}$$

$$y_t^S = \beta x_t^S + v_t, \quad v_t \sim N(0, \sigma_v^2) \tag{2.4}$$

とする．このとき変数間の基調的な関係は (2.3) 式といえるが現実には x_t^N と y_t^N は観測不能である．そこで，原系列 x_t, y_t を使って両者の関係を推計するために (2.1) 式 ~(2.4) 式を整理して

$$y_t = \alpha x_t + \epsilon_t \tag{2.5}$$

ただし

$$\epsilon_t = (\beta - \alpha)x_t + u_t + v_t \tag{2.6}$$

を計測することになる．したがって，$\alpha = \beta$ が成立しない限り一般には $Cov(x_t, \epsilon_t) \neq 0$ である．このように，計測式の説明変数と誤差項との間に相関があると，(2.5) 式の推計パラメータ $\hat{\alpha}$ はバイアスをもつという問題が生じる．y_t が毎年同一の季節変動パターンを繰り返す場合は，季節変動成分 y_t^S が季節ダミーで完全に説明できる．しかしながら，実際の季節変動パターンは年々変化している場合も多く，より複雑な対応が必要となる．

複数の時系列を含んだ構造モデルにおいて季節性をどう扱うかについては，近年進展している状態空間モデルによる方法がある．これについては第 9 章で詳しく論じる．

2.2 時系列分析と季節調整

前節で取り上げた季節変動の算出法は，主に 20 世紀前半に考案され実際に利用されてきた手法であり，いずれも季節変動の性質について一定の仮定を置

いた上で単純な計算により季節成分を取り出す記述統計的な方法である．これらの方法はシンプルで理解しやすいという利点はあるものの，20 世紀後半の時系列分析における理論的発展と，電子計算機の性能向上を背景として，様々な批判や改良，代替的手段の提案がなされてきた．

以下の章では，そうした新しい手法において共通して用いられる時系列分析の基本を説明した後に，第 1 章で触れたいくつかの代表的な季節調整ソフトウェアについてみてゆく．

Chapter 3

定常過程の性質

本章では季節調整に関連した時系列分析の数学的な準備として，定常な離散確率過程に関する基礎的な概念について解説する．定常な離散確率過程は ARMA モデルと呼ばれるクラスにより定式化され，モデルに基づいて時間領域と周波数領域の両方から特徴付けられる．

なお，本書では一般的な経済時系列分析に関する書籍ではあまり取り上げられない自己共分散母関数についてやや多めに紙幅を割いている．自己共分散母関数は，信号処理などの分野で多用される z 変換を自己共分散関数に対して適用したものである．TRAMO-SEATS で実装されている，季節 ARIMA モデルの分解による UC (unobserved components) モデルの推定では，自己共分散母関数を用いることにより理論的な見通しがよくなる．

3.1 定常過程

$\{X_t\}$ を離散確率過程とするとき，$\{X_t\}$ の期待値，分散，自己共分散はそれぞれ

$$
\begin{aligned}
\mu_t &= E\left[X_t\right] \\
\sigma_t^2 &= Var\left[X_t\right] = E\left[(X_t-\mu_t)^2\right] \\
\gamma(t,t-\tau) &= E\left[(X_t-\mu_t)(X_{t-\tau}-\mu_{t-\tau})\right]
\end{aligned}
$$

と定義される．これらが特に

(1) μ_t が t によらず一定 $(\mu_t=\mu)$

(2) σ_t^2 が t によらず一定 $(\sigma_t^2=\sigma^2)$

(3) $\gamma(t,t-\tau)$ が時間差 (ラグ) τ のみに依存し，t と無関係 $(\gamma(t,t-\tau)=\gamma(\tau))$

という三つの条件を満たすとき，$\{X_t\}$ は弱定常または共分散定常であるという．

一方，任意の r と任意の時間列 $t_1 < t_2 < \cdots < t_r$ に対して，確率変数の組

$$X_{t_1}, X_{t_2}, \ldots, X_{t_r}$$

の同時分布が，時点を s だけ移動した

$$X_{t_1+s}, X_{t_2+s}, \ldots, X_{t_r+s}$$

の同時分布に等しいとき，$\{X_t\}$ は強定常であるという．定義からわかるように，分散が存在するとき，ある確率過程が強定常なら弱定常である．したがって，強定常の方が強い条件を要求している．

定常性は，$\{X_t\}$ に関するある種の統計的性質 (平均，2 次モーメントなど) が，時点 t によらず一定に保たれる状態を表しているが，これらの統計的性質が時間によって変化してゆく場合には，その系列は非定常であるという．分析しようとするデータが定常であると考えられる場合は，観察されたデータを同一の分布から得られたサンプルのように扱うことができる．

弱定常がモーメントについての条件であるのに対し，強定常は分布そのものについての条件である．通常の時系列分析では弱定常過程についての議論で十分であることが多いため，本書でも以後は「定常性」を弱定常の意味で用いることとする．なお，以後は特に明示しない限り $\mu = 0$ としておく．これによって後の議論の一般性が損なわれることはない．実際のデータ分析においては，データ全体から標本平均を差し引いてやることで，平均がゼロの系列として扱うことができる．よって，

$$E[X_t] = 0, \quad Var[X_t] = \sigma^2, \quad \gamma(\tau) = E[X_t X_{t-\tau}]$$

としておく．$\gamma(\tau)$ は自己共分散関数という．複数の系列が存在し，自己共分散関数がどの系列についてのものなのか区別する必要がある場合は，$\gamma_{xx}(\tau), \gamma_{yy}(\tau)$ のように右下に添字を付加して区別することにする．

自己共分散関数に関しては，明らかに

$$\gamma(-\tau) = E[X_t X_{t+\tau}] = E[X_{s-\tau} X_s] = E[X_s X_{s-\tau}] = \gamma(\tau)$$

が成り立っている．ただし $s = t + \tau$ として添字を置き換えた．

さらに，複数の定常過程の間の関係性を特徴付ける量として相互共分散関数を定義する．平均ゼロの離散定常過程 $\{X_t\}$ および $\{Y_t\}$ があるとき，

$$\gamma_{xy}(\tau) = E\left[X_t Y_{t-\tau}\right]$$

を $\{X_t\}$ と $\{Y_t\}$ の相互共分散関数という．$\gamma_{xy}(\tau)$ については，一般には $\gamma_{xy}(-\tau) \neq \gamma_{xy}(\tau)$ であるが，

$$\gamma_{xy}(\tau) = E\left[X_t Y_{t-\tau}\right] = E\left[Y_{t-\tau} X_t\right] = E\left[Y_s X_{s+\tau}\right] = \gamma_{yx}(-\tau)$$

となり，$\gamma_{xy}(\tau) = \gamma_{yx}(-\tau)$ が成り立つ．

3.1.1 MA (移動平均) モデル

次のように定義される系列 $\{X_t\}$ を q 次の MA 過程 (moving average process) と呼び，MA(q) と表記する．

$$X_t = \sum_{j=0}^{q} \theta_j \epsilon_{t-j}, \quad \epsilon_t \sim WN(0, \sigma^2) \tag{3.1}$$

ただし $\theta_0 = 1$ としておく．また，$\epsilon_t \sim WN(0, \sigma^2)$ は，$\{\epsilon_t\}$ $(t = 0, \pm 1, \pm 2, \ldots)$ が独立に平均ゼロ，分散 σ^2 の同一の分布に従うことを表す．このような系列はホワイトノイズと呼ばれる．実際のデータ分析では正規分布 $(N(0, \sigma^2))$ が仮定されることが多いが，以下の議論では理論上ホワイトノイズの仮定で十分な場合には $\epsilon_t \sim WN(0, \sigma^2)$ とし，それに加えて正規性の仮定も必要な場合には $\epsilon_t \sim N(0, \sigma^2)$ としている．(3.1) 式で定義される X_t の期待値および自己共分散は

$$E\left[X_t\right] = \sum_{j=0}^{q} \theta_j E\left[\epsilon_{t-j}\right] = 0$$

$$\begin{aligned}
Cov\left[X_t, X_{t-\tau}\right] &= E\left[\sum_{u=0}^{q} \theta_u \epsilon_{t-u} \sum_{v=0}^{q} \theta_v \epsilon_{t-\tau-v}\right] \\
&= \sum_{u=0}^{q} \sum_{v=0}^{q} \theta_u \theta_v \gamma_{\epsilon\epsilon}(\tau + u - v) \\
&= \sum_{s=-q}^{q} \sum_{k=0}^{q-|s|} \theta_k \theta_{k+|s|} \gamma_{\epsilon\epsilon}(\tau + s) \\
&= \begin{cases} \sigma^2 \displaystyle\sum_{k=0}^{q-|\tau|} \theta_k \theta_{k+|\tau|} & (|\tau| \leq q) \\ 0 & (q < |\tau|) \end{cases}
\end{aligned} \tag{3.2}$$

となる．ここで $\gamma_{\epsilon\epsilon}(\tau) = Cov\left[\epsilon_t, \epsilon_{t-\tau}\right]$ であるが，ϵ_t はホワイトノイズなので

$$\gamma_{\epsilon\epsilon}(\tau) = \begin{cases} \sigma^2 & (\tau = 0) \\ 0 & (\tau \neq 0) \end{cases}$$

であることより (3.2) 式を得る．これより X_t の期待値はゼロであり，かつ自己共分散は時点 t に依存しないので，X_t は定常であることがわかる．改めて

$$\gamma_{xx}(\tau) = \begin{cases} \sigma^2 \sum_{k=0}^{q-|\tau|} \theta_k \theta_{k+|\tau|} & (|\tau| \leq q) \\ 0 & \end{cases} \tag{3.3}$$

としておく．$\gamma_{xx}(\tau)$ は $q < |\tau|$ となる τ に対して常にゼロとなり，これを $\tau = q + 1$ で切断されるという．分散は

$$Var\left[X_t\right] = \gamma_{xx}(0) = \sigma^2 \sum_{k=0}^{q} \theta_k^2$$

となる．平均，分散，自己共分散に関する以上の性質は，$\theta_1, \ldots, \theta_q$ の値によらず成り立つので，一般に MA(q) 過程は常に定常となる．

例 3.1 **MA(1)** MA(1) 過程に従う X_t は

$$X_t = \epsilon_t + \theta\epsilon_{t-1}, \quad \epsilon_t \sim WN(0, \sigma^2)$$

と表される．自己共分散関数は

$$\gamma_{xx}(\tau) = \begin{cases} \sigma^2(1+\theta^2) & (\tau = 0) \\ \sigma^2\theta & (|\tau| = 1) \\ 0 & (2 \leq |\tau|) \end{cases}$$

となる．

例 3.2 **MA(∞)** 特殊なケースとして，$q = \infty$ となる場合の MA 過程を考える．MA(∞) に従う X_t は

$$X_t = \sum_{j=0}^{\infty} \theta_j \epsilon_{t-j}, \quad \epsilon_t \sim WN(0, \sigma^2) \tag{3.4}$$

と表される．ただし $\theta_0 = 1$ とする．実際のデータ分析においては MA(∞) モ

デルを直接扱うことはほとんどないが，定常時系列に関する理論の上では重要なモデルとなっている．すでにみたように，一般に MA(q) 過程は常に定常となるが，MA(∞) に関しては注意が必要となる．(3.4) 式は (3.1) 式の q を形式的に ∞ とした式であるが，(3.4) 式で定義される X_t が定常となるためには右辺の無限和が発散しないことが必要であり，そのためには $\theta_1, \theta_2, \ldots$ が一定の条件を満たしていることが必要となる*1)．(3.4) 式については，$\sum_{j=0}^{\infty} \theta_j^2 < \infty$ であれば X_t が定常 (弱定常) となることを示すことができる．

自己共分散関数は (3.3) 式より

$$\begin{aligned}\gamma_{xx}(\tau) &= \sigma^2 \lim_{q \to \infty} \sum_{k=0}^{q-|\tau|} \theta_k \theta_{k+|\tau|} \\ &= \sigma^2 \sum_{k=0}^{\infty} \theta_k \theta_{k+|\tau|} \end{aligned} \tag{3.5}$$

となる．

3.1.2 AR (自己回帰) モデル

次のように定義される系列 $\{X_t\}$ を p 次の AR 過程 (autoregressive process) と呼び，AR(p) と表記する．

$$X_t = \sum_{j=1}^{p} \phi_j X_{t-j} + \epsilon_t, \quad \epsilon_t \sim WN(0, \sigma^2) \tag{3.6}$$

このモデルは，現時点の値 X_t は p 期前までの値 $X_{t-1}, \ldots, X_{t-p}$ と確率項 ϵ_t の線形関数によって表されることを示している．過去の値が現時点に与える影響の大きさは係数 $\phi_1, \ldots, \phi_p$ によって決められる．

自己回帰モデルに従う X_t が定常であるかどうかは，MA モデルの場合とは異なり，係数 $\phi_1, \ldots, \phi_p$ の値に依存する．簡単な場合の例をみてみよう．

例 3.3 **AR(1)** X_t が AR(1) に従うとする．すなわち

$$X_t = \phi X_{t-1} + \epsilon_t, \quad \epsilon_t \sim WN(0, \sigma^2) \tag{3.7}$$

*1) $X_{n,t} = \sum_{j=0}^{n} \theta_j \epsilon_{t-j}$ とするとき，(3.4) 式の右辺は $\lim_{n\to\infty} X_{n,t}$ と表せる．$X_{n,t}$ は確率変数なので，点列の極限とは異なる扱いをする必要がある．

とする．時点をずらして後ろ向きに代入を $k-1$ 回繰り返すと，

$$
\begin{aligned}
X_t &= \phi X_{t-1} + \epsilon_t \\
&= \phi\left(\phi X_{t-2} + \epsilon_{t-1}\right) + \epsilon_t \\
&\vdots \\
&= \phi^k X_{t-k} + \sum_{j=0}^{k-1} \phi^j \epsilon_{t-j}
\end{aligned} \tag{3.8}
$$

となる．(3.8) 式は，もし $|\phi| < 1$ ならば，$k \to \infty$ の場合に $\phi^k X_{t-k} \to 0$ となるため，

$$
X_t = \sum_{j=0}^{\infty} \phi^j \epsilon_{t-j} \tag{3.9}
$$

とすることができる．このとき X_t の平均および分散は

$$
E\left[X_t\right] = E\left[\sum_{j=0}^{\infty} \phi^j \epsilon_{t-j}\right] = 0
$$

$$
Var\left[X_t\right] = \sigma^2(1 + \phi^2 + \phi^4 + \cdots) = \frac{\sigma^2}{1-\phi^2}
$$

となる．また自己共分散関数は

$$
\begin{aligned}
\gamma(\tau) &= E\left[X_t X_{t-\tau}\right] \\
&= E\Big[(\epsilon_t + \phi\epsilon_{t-1} + \phi^2\epsilon_{t-2} + \cdots)(\epsilon_{t-\tau} + \phi\epsilon_{t-\tau-1} + \phi^2\epsilon_{t-\tau-2} + \cdots)\Big] \\
&= \sigma^2\phi^{|\tau|}(1 + \phi^2 + \phi^4 + \cdots) \\
&= \frac{\sigma^2\phi^{|\tau|}}{1-\phi^2}
\end{aligned}
$$

となる．したがって，$|\phi| < 1$ の場合には X_t は定常となっている．

(3.6) 式で表される一般の AR モデルは，バックシフトオペレータと呼ばれる演算子を利用すると簡潔に表記できる．バックシフトオペレータ B は，

$$
BX_t = X_{t-1}
$$

のように，変数に対して前から作用させると時点が 1 期後ろにシフトする演算子である．この B によって多期間のシフトや階差操作も

$$B^k X_t = X_{t-k}, \quad (1-B)X_t = X_t - X_{t-1}$$

のように簡潔に表記できる．これを用いると，AR(p) モデルは

$$(1-\phi_1 B - \phi_2 B^2 - \cdots - \phi_p B^p)X_t = \phi(B)X_t = \epsilon_t$$

と表すことができる．

$$\phi(z) = 1 - \phi_1 z - \phi_2 z^2 - \cdots - \phi_p z^p$$

は，AR(p) モデルの随伴多項式と呼ばれる．

AR(p) モデルの定常性は随伴多項式を用いて簡潔に表される．一般に AR(p) モデルは，方程式 $\phi(z) = 0$ のすべての根の絶対値が 1 でない場合に定常となる．$\phi(z) = 0$ は特性方程式と呼ばれる．ここで z は複素数である．例えば，AR(1) の場合は，特性方程式は

$$\phi(z) = 1 - \phi z = 0$$

となるので，根は $z = \frac{1}{\phi}$ となり，$1 \neq |\frac{1}{\phi}|$ より，$|\phi| \neq 1$ が定常となるための条件となる．

例 3.4 ランダムウォーク　1 次の自己回帰モデルにおいて定常性が満たされないケースのうち，特性方程式の根がちょうど 1 となるとき (これを単位根と呼ぶ)，この AR モデルを特にランダムウォークモデルと呼ぶ．すなわち

$$X_t = X_{t-1} + \epsilon_t$$

となるケースである．これは階差系列 $(1-B)X_t = X_t - X_{t-1}$ がホワイトノイズであることを示している．時系列がランダムウォークモデルで表現できるかどうかは，特性方程式の根が単位根であるかどうかを検定することによって判定できる．このような統計的検定を単位根検定という．1 次元のランダムウォークモデルは，次々と独立な確率変数を加算してゆく過程であって，定常ではない．しかしこの確率過程は経済学においては応用上で重要な統計モデルであり，近年しばしば株式価格などの資産価格の分析に応用される．

3.1.3 ARMA (自己回帰移動平均) モデル

p 次の自己回帰モデルと q 次の自己回帰モデルを組み合わせた時系列モデル

を ARMA 過程 (autoregressive moving average process, 自己回帰移動平均過程) と呼び ARMA(p,q) と表す．X_t が ARMA(p,q) モデルに従うとき，

$$\phi(B)X_t = \theta(B)\epsilon_t, \quad \epsilon_t \sim WN(0,\sigma^2)$$

が成り立つ．ただし

$$\phi(z) = 1 - \phi_1 z - \phi_2 z^2 - \cdots - \phi_p z^p$$
$$\theta(z) = 1 + \theta_1 z + \theta_2 z^2 + \cdots + \theta_q z^q$$

とする．係数 $\phi_i\,(i = 1,\ldots,p)$ をゼロと置いたときは移動平均モデル，また $\theta_j\,(j = 1,\ldots,q)$ がゼロのときには自己回帰モデルとなることから，自己回帰移動平均モデルは自己回帰モデルや移動平均モデルを包含するより一般的なモデルになっている．ARMA(p,q) モデルの定常性は AR 部分によって決定され，AR(p) モデルの定常性の条件と同様，方程式 $\phi(z) = 0$ のすべての根の絶対値が 1 でない場合に定常となる．

3.1.4 因果性と反転可能性

ARMA モデルの性質を分析する上で重要な概念に因果性 (causality) と反転可能性 (invertibility) がある．

因 果 性

ARMA(p,q) 過程に従う X_t

$$\phi(B)X_t = \theta(B)Z_t, \quad Z_t \sim WN(0,\sigma^2) \tag{3.10}$$

があるとする．もし X_t について，$\sum_{j=0}^{\infty}|\psi_j| < \infty$ を満たす数列 $\psi_j\,(j = 0,1,\ldots)$ が存在し，

$$X_t = \sum_{j=0}^{\infty}\psi_j Z_{t-j} \tag{3.11}$$

とすることができるならば「X_t は因果的である」という．(3.11) 式の右辺は $\sum_{j=0}^{\infty}|\psi_j| < \infty$ の条件から総和は発散せず定常過程となる．因果的というのは，X_t が時点 t からみて過去の $Z_s\,(s \le t)$ にのみ依存し，将来の $Z_s\,(t < s)$ と無関係であるという意味である．したがって，より一般的には，因果性とは X_t についての性質というよりは，X_t と Z_t の相対的な関係性に関する性質を表し

ている．Z_t がホワイトノイズでない場合でも，(3.11) 式の表記が可能な場合には「X_t は Z_t に対して因果的である」ということになる．

簡単な例として次のような AR(1) 過程を考えよう．

$$X_t = \frac{1}{2}X_{t-1} + \epsilon_t, \quad \epsilon_t \sim WN(0, \sigma^2) \tag{3.12}$$

このモデルは $\psi_j = (1/2)^j$ となっており，明らかに $\sum_{j=0}^{\infty}(1/2)^j < \infty$ なので，

$$X_t = \sum_{j=0}^{\infty}\left(\frac{1}{2}\right)^j \epsilon_{t-j}$$

とすることができ，これが (3.12) 式の因果的な定常解となる．一方，Y_t が

$$Y_t = 2Y_{t-1} + \epsilon_t, \quad \epsilon_t \sim WN(0, \sigma^2) \tag{3.13}$$

という AR(1) 過程であるとすると，この場合は $\psi_j = 2^j$ となるが，$\sum_{j=0}^{\infty} 2^j = \infty$ より因果的ではなく，Y_t を $\epsilon_s\ (s \leq t)$ の線形結合で表すことはできない．しかしながら，(3.13) 式は前向きの代入を繰り返すことで

$$\begin{aligned} Y_t &= \frac{1}{2}Y_{t+1} - \frac{1}{2}\epsilon_{t+1} \\ &= \left(\frac{1}{2}\right)^k Y_{t+k} - \sum_{j=1}^{k}\left(\frac{1}{2}\right)^j \epsilon_{t+j} \\ &= -\sum_{j=1}^{\infty}\left(\frac{1}{2}\right)^j \epsilon_{t+j} \end{aligned} \tag{3.14}$$

と変形できる．(3.14) 式のように表される Y_t は定常性の条件を満たすので，(3.13) 式の因果的ではない定常解になっている．しかし将来のイノベーションによって現在の値が決定される過程は，形式的には可能であっても実際のデータ分析においては不合理な想定であるので，因果的でない定常解は通常は分析の対象にはしない．このように，定常解のうち過去の撹乱項によって表現される解を表すために因果性という概念が導入されている．

(3.10) 式で表される ARMA 過程の因果性については，「$\phi(z) = 0$ のすべての根の絶対値が 1 より大きいこと」が X_t が因果的であるための必要十分条件であることが知られている．あるいは同じことであるが，この条件は「$|z| \leq 1$ を満たすすべての z に対して $\phi(z) \neq 0$」と表してもよい．このときに，(3.11)

式の右辺の係数 $\psi_j\ (j=0,1,\dots)$ は，$\frac{\theta(z)}{\phi(z)}$ を z についてテイラー展開した係数として得られる．すなわち

$$\psi(z)=\frac{\theta(z)}{\phi(z)}=1+\psi_1 z+\psi_2 z^2+\psi_3 z^3+\cdots$$

となる．証明は例えば Brockwell and Davis (1991) を参照されたい．なお，以上の点は，(3.10) 式においてバックシフトオペレータを形式的に右辺に移動させ X_t を陽に表した式

$$X_t=\frac{\theta(B)}{\phi(B)}Z_t$$

と対比させるとわかりやすい．$\frac{\theta(B)}{\phi(B)}$ をひとかたまりで一つのオペレータと考えると，これが B によって

$$\frac{\theta(B)}{\phi(B)}=1+\psi_1 B+\psi_2 B^2+\psi_3 B^3+\cdots$$

と表せるための必要十分条件が，「$\phi(z)=0$ のすべての根の絶対値が 1 より大きいこと」であると解釈できる．

反転可能性

因果性は ARMA 過程が MA(∞) モデルに変形できる条件についての議論であったが，反転可能性は逆に ARMA 過程が AR(∞) モデルで表されるための条件を表している．ARMA(p,q) 過程に従う X_t

$$\phi(B)X_t=\theta(B)Z_t,\quad Z_t\sim WN(0,\sigma^2) \tag{3.15}$$

に関して，$\sum_{j=0}^{\infty}|\pi_j|<\infty$ を満たす数列 $\pi_j\ (j=0,1,\dots)$ が存在し，

$$Z_t=\sum_{j=0}^{\infty}\pi_j X_{t-j} \tag{3.16}$$

とすることができるならば「X_t は反転可能 (invertible) である」という．因果性の場合と同様の議論から，「$\theta(z)=1+\theta z+\cdots+\theta_q z^q=0$ のすべての根の絶対値が 1 より大きいこと」が X_t が反転可能であるための必要十分条件となる．

一般に MA モデルは理論的な分析においては扱いやすいが，直接観測できない攪乱項の線形結合になっているため，実際のデータを用いた分析では AR モデルの方が利便性が高い．したがって，MA モデルが反転可能であるかどうかは実用上重要となる．反転可能な MA モデルは，有限の次数の AR モデルによって近似することができる．

3.1.5 ARIMA モデル

現実の経済時系列の多くは時間とともに緩やかに変動するトレンドをもっているため，非定常である場合が多い．このような系列は階差を取る変換によって定常化できることがある．一般に，d 回の階差を取ることによって定常となる系列は $\mathrm{I}(d)$ 過程と呼ばれる．すなわち，非定常な時系列 X_t について

$$Y_t = (1 - B)^d X_t$$

とした場合に Y_t が定常となるならば，「X_t は $\mathrm{I}(d)$ 過程に従う」といい，

$$X_t \sim \mathrm{I}(d)$$

と表記する．I は integrated の略で，日本語では「和分」と訳される．

原系列 X_t に対して d 階の階差変換を行うことで定常化された系列が ARMA(p, q) モデルに従うとき，X_t は ARIMA(p, d, q) モデルに従うという．これは

$$\phi(B)(1 - B)^d X_t = \theta(B)\epsilon_t, \quad \epsilon_t \sim WN(0, \sigma^2)$$

と表記される．

3.2 自己共分散母関数

次のような定常過程 $\{X_t\}$ を考える．

$$X_t = \sum_{k=0}^{\infty} \psi_k \epsilon_{t-k} = \psi(B)\epsilon_t, \quad \epsilon_t \sim WN(0, \sigma^2) \tag{3.17}$$

B はバックシフトオペレータであり，$\psi(B) = \sum_{k=0}^{\infty} \psi_k B^k$ である．また，$\{X_t\}$ はホワイトノイズ $\{\epsilon_t\}$ に対して因果的であるとする．すなわち $\sum_{k=0}^{\infty} |\psi_k| < \infty$ であるとする．

$\{X_t\}$ の自己共分散関数を $\gamma_{xx}(\tau)$ とすると，$\gamma_{xx}(\tau)$ は (3.5) 式より

$$\gamma_{xx}(\tau) = \sigma^2 \sum_{k=0}^{\infty} \psi_k \psi_{k+|\tau|} \tag{3.18}$$

となる．この $\gamma_{xx}(\tau)$ に関しては，$\sum_{k=0}^{\infty} |\psi_k| < \infty$ の仮定の下で

$$\begin{aligned}\sum_{\tau=-\infty}^{\infty}|\gamma_{xx}(\tau)| &= \sigma^2 \sum_{\tau=-\infty}^{\infty}\left|\sum_{k=0}^{\infty}\psi_k\psi_{k+|\tau|}\right| \\ &\leq \sigma^2 \sum_{\tau=-\infty}^{\infty}\sum_{k=0}^{\infty}\left|\psi_k\psi_{k+|\tau|}\right| \\ &= \sigma^2 \lim_{n\to\infty}\sum_{\tau=-n}^{n}\sum_{k=0}^{n-|\tau|}\left|\psi_k\psi_{k+|\tau|}\right| \\ &= \sigma^2 \lim_{q\to\infty}\sum_{j=0}^{q}\sum_{k=0}^{q}|\psi_j\psi_k| \\ &= \sigma^2\left(\sum_{k=0}^{\infty}|\psi_k|\right)^2 < \infty\end{aligned}$$

が成り立つ.

このような $\gamma_{xx}(\tau)$ に対して，自己共分散母関数を

$$G_{xx}(z) = \sum_{j=-\infty}^{\infty}\gamma_{xx}(j)z^j \tag{3.19}$$

と定義する．ここで z は複素数である．これは $z=0$ を中心としたローラン級数と同じ形になっている．(3.19) 式の右辺は，$\sum_{j=-\infty}^{\infty}|\gamma_{xx}(j)z^j| < \infty$ であれば収束する．よって，$\sum_{\tau=-\infty}^{\infty}|\gamma_{xx}(\tau)| < \infty$ であることに注意すると，少なくとも z が単位円周上にある場合 ($|z|=1$ の場合) には，$\sum_{j=-\infty}^{\infty}|\gamma_{xx}(j)z^j| = \sum_{j=-\infty}^{\infty}|\gamma_{xx}(j)| < \infty$ となり級数は収束する．また，z が単位円周上以外の場合でも，ある定数 $r>1$ が存在し，$r^{-1} < |z| < r$ である場合に (3.19) 式は収束することを示すことができる.

(3.19) 式は右辺が収束するならば，複素関数 $G_{xx}(z)$ の $z=0$ を中心としたローラン展開と見なせるので，その展開係数となる $\gamma_{xx}(\tau)$ は

$$\gamma_{xx}(\tau) = \frac{1}{2\pi i}\oint_{|z|=1}\frac{G_{xx}(z)}{z^{\tau+1}}dz \tag{3.20}$$

と表すことができる*2)．これは単位円周上における反時計回りの周回積分を表している.

---

*2)　ローラン展開については適当な複素解析のテキストを参照されたい.

特殊なケースとして $X_t \sim WN(0, \sigma_x^2)$ である場合は，

$$\gamma_{xx}(\tau) = \begin{cases} \sigma_x^2 & (\tau = 0) \\ 0 & (\tau \neq 0) \end{cases}$$

であることに注意すると

$$G_{xx}(z) = \sum_{j=-\infty}^{\infty} \gamma_{xx}(j) z^j = \gamma(0) = \sigma_x^2$$

となり，$G_{xx}(z)$ は z によらず定数になる．

(3.18) 式を (3.19) 式に代入すると，

$$\begin{aligned} G_{xx}(z) &= \sigma^2 \sum_{\tau=-\infty}^{\infty} \left(\sum_{k=0}^{\infty} \psi_k \psi_{k+|\tau|} \right) z^\tau \\ &= \sigma^2 \left\{ \sum_{k=0}^{\infty} \psi_k^2 + \sum_{\tau=1}^{\infty} \sum_{k=0}^{\infty} \psi_k \psi_{k+\tau} (z^\tau + z^{-\tau}) \right\} \\ &= \sigma^2 \left(\sum_{\tau=0}^{\infty} \psi_\tau z^\tau \right) \left(\sum_{\tau=0}^{\infty} \psi_\tau z^{-\tau} \right) \\ &= \sigma^2 \psi(z) \psi(z^{-1}) \end{aligned} \tag{3.21}$$

となり，$G_{xx}(z)$ は多項式 $\psi(z)$ と $\psi(z^{-1})$ の積の形式で表すことができる．このような自己共分散母関数の表現を正準分解 (canonical decomposition) と呼ぶ．一般に (3.17) 式の表現をもつ定常過程は (3.21) 式の形式で表される自己共分散母関数をもつ．因果的な ARMA モデルに従う系列は (3.17) 式の表現をもつため，その自己共分散母関数は (3.21) 式から容易に得られ，(3.20) 式により自己共分散関数を求めることができる．

例 3.5　**MA(1) の自己共分散母関数**　X_t が

$$X_t = \theta(B)\epsilon_t = \epsilon_t + \theta\epsilon_{t-1}, \quad \epsilon_t \sim WN(0, \sigma^2)$$

で表される MA(1) 過程に従うとする．X_t の自己共分散母関数は

$$\begin{aligned} G_{xx}(z) &= \sigma^2 \theta(z) \theta(z^{-1}) \\ &= \sigma^2 (1 + \theta z)(1 + \theta z^{-1}) \\ &= \sigma^2 \{\theta z^{-1} + (1 + \theta^2) + \theta z\} \end{aligned} \tag{3.22}$$

となる．よって，$z^j\,(j=0,1,\ldots)$ の係数から自己共分散関数が

$$\gamma_{xx}(\tau)=\begin{cases}\sigma^2(1+\theta^2) & (\tau=0)\\ \sigma^2\theta & (\tau=1)\\ 0 & (2\le\tau)\end{cases}$$

となることがただちにわかる．

例 3.6 **AR(1)** X_t が因果的な AR(1) 過程に従うとする．すなわち

$$X_t=\phi X_{t-1}+\epsilon_t,\quad |\phi|<1,\quad \epsilon_t\sim WN(0,\sigma^2)$$

とする．X_t は

$$X_t=\frac{\epsilon_t}{1-\phi B}$$

と表せるので，自己共分散母関数は

$$G_{xx}(z)=\frac{\sigma^2}{(1-\phi z)(1-\phi z^{-1})}$$

となる．$G_{xx}(z)$ から自己共分散関数を求めるには，(3.20) 式より

$$\gamma_{xx}(\tau)=\frac{1}{2\pi i}\oint_{|z|=1}\frac{\sigma^2}{z^{\tau+1}(1-\phi z)(1-\phi z^{-1})}dz$$

を計算すればよい．ここで

$$\frac{1}{(1-\phi z)(1-\phi z^{-1})}=\frac{1}{1-\phi^2}\left(\frac{\phi z}{1-\phi z}+\frac{1}{1-\phi z^{-1}}\right)$$

と変形できることに注意すると，$|z|=1$ となる単位円周上では $|\phi z|<1$ および $|\phi z^{-1}|<1$ なので，

$$\frac{1}{1-\phi z}=1+\phi z+\phi^2z^2+\cdots=\sum_{j=0}^{\infty}\phi^jz^j$$

$$\frac{1}{1-\phi z^{-1}}=1+\phi z^{-1}+\phi^2z^{-2}+\cdots=\sum_{j=0}^{\infty}\phi^jz^{-j}$$

というテイラー展開が可能となる．したがって

$$\frac{1}{(1-\phi z)(1-\phi z^{-1})}=\frac{1}{1-\phi^2}\left(\phi z\sum_{j=0}^{\infty}\phi^jz^j+\sum_{j=0}^{\infty}\phi^jz^{-j}\right)$$

$$= \frac{1}{1-\phi^2} \sum_{j=-\infty}^{\infty} \phi^{|j|} z^j \tag{3.23}$$

となる．よって

$$\begin{aligned}
\gamma_{xx}(\tau) &= \frac{1}{2\pi i}\frac{\sigma^2}{1-\phi^2}\oint_{|z|=1}\sum_{j=-\infty}^{\infty}\phi^{|j|}z^{j-(\tau+1)}dz \\
&= \frac{1}{2\pi i}\frac{\sigma^2}{1-\phi^2}\sum_{j=-\infty}^{\infty}\phi^{|j|}\oint_{|z|=1}z^{j-(\tau+1)}dz \\
&= \frac{1}{2\pi i}\frac{\sigma^2}{1-\phi^2}2\pi i\phi^{|\tau|} \\
&= \frac{\sigma^2\phi^{|\tau|}}{1-\phi^2}
\end{aligned} \tag{3.24}$$

となる．(3.24) 式では積分と総和の交換をしているが，これは (3.23) 式の右辺の級数が単位円周上で収束することにより保証される．さらに周回積分に関する次の定理

$$\oint_{|z|=1} z^j dz = \begin{cases} 2\pi i & (j=-1) \\ 0 & (j \neq -1) \end{cases}$$

を利用することで (3.24) 式が得られる*3)．ただし実際には (3.23) 式における z^j の係数がそのまま $\gamma_{xx}(j)$ となるので，この場合は (3.23) 式から直接 $\gamma_{xx}(\tau) = \frac{\sigma^2\phi^{|\tau|}}{1-\phi^2}$ を導けばよい．

例 3.7 **AR(2)** AR(2) のケースは後の章で扱う信号抽出との関連で特に重要である．

X_t が因果的な AR(2) 過程に従うとする．すなわち

$$X_t = \phi_1 X_{t-1} + \phi_2 X_{t-2} + \epsilon_t, \quad \epsilon_t \sim WN(0, \sigma^2)$$

とする．$\phi(z) = 1 - \phi_1 z - \phi_2 z^2 = 0$ のすべての根の絶対値が 1 より大きい場合に X_t は因果的となる．一般に $\phi(z)$ は複素数 β_1, β_2 を用いて

$$\phi(z) = 1 - \phi_1 z - \phi_2 z^2 = (1-\beta_1 z)(1-\beta_2 z)$$

---

*3) ローラン展開や留数定理の基礎となる重要な定理であるが，どういうわけか特に名前が付いていないようである．詳細は基礎的な複素解析のテキストを参照されたい．

と変形できるので，$\phi(z)=0$ の根は $z=\beta_1^{-1},\beta_2^{-1}$ となるが，これらの根の絶対値がいずれも 1 より大きいなら $|\beta_1|<1, |\beta_2|<1$ となる．したがって X_t の自己共分散母関数は

$$\begin{aligned}G_{xx}(z) &= \frac{\sigma^2}{(1-\beta_1 z)(1-\beta_2 z)(1-\beta_1 z^{-1})(1-\beta_2 z^{-1})} \\ &= \frac{\sigma^2}{(1-\beta_1\beta_2)(\beta_1-\beta_2)} \\ &\quad \times \left\{ \frac{\beta_1}{(1-\beta_1 z)(1-\beta_1 z^{-1})} - \frac{\beta_2}{(1-\beta_2 z)(1-\beta_2 z^{-1})} \right\}\end{aligned}$$

と表すことができる．また，AR(1) の例の結果から，

$$\begin{aligned}G_{xx}(z) &= \frac{\sigma^2}{(1-\beta_1\beta_2)(\beta_1-\beta_2)} \\ &\quad \times \left(\frac{\beta_1}{1-\beta_1^2}\sum_{j=-\infty}^{\infty}\beta_1^{|j|}z^j - \frac{\beta_2}{1-\beta_2^2}\sum_{j=-\infty}^{\infty}\beta_2^{|j|}z^j \right) \\ &= \frac{\sigma^2}{(1-\beta_1\beta_2)(\beta_1-\beta_2)}\sum_{j=-\infty}^{\infty}\left(\frac{\beta_1^{|j|+1}}{1-\beta_1^2} - \frac{\beta_2^{|j|+1}}{1-\beta_2^2} \right) z^j\end{aligned}$$

となる．よって自己相関関数は，AR(1) の場合と同様の計算により

$$\gamma_{xx}(\tau) = \frac{\sigma^2}{(1-\beta_1\beta_2)(\beta_1-\beta_2)}\left(\frac{\beta_1^{|\tau|+1}}{1-\beta_1^2} - \frac{\beta_2^{|\tau|+1}}{1-\beta_2^2} \right) \tag{3.25}$$

で与えられる．

$\phi(z)=0$ の根 $\beta_1^{-1},\beta_2^{-1}$ が複素解の場合は，互いに複素共役になっているので，極座標を用いて $\beta_1^{-1}=re^{i\theta}$ および $\beta_2^{-1}=re^{-i\theta}$ と表すことができる．ただし，$1<|\beta_1^{-1}|, 1<|\beta_2^{-1}|$ であることから，r および θ は，それぞれ $1<r$ と $0<\theta<\pi$ を満たす実数とする．これらを代入し，オイラーの公式を利用して整理すると，自己共分散関数はさらに

$$\begin{aligned}\gamma_{xx}(\tau) &= \frac{\sigma^2 r^{|\tau|+1}}{(1-r^2)r\sin\theta}\frac{\sin(\theta|\tau|+\theta) - r^2\sin(\theta|\tau|-\theta)}{r^4-2r^2\cos 2\theta+1} \\ &= \frac{\sigma^2 r^{|\tau|}\sin(\theta|\tau|+\varphi)}{(1-r^2)(r^4-2r^2\cos 2\theta+1)^{1/2}\sin\theta}\end{aligned} \tag{3.26}$$

と変形できる．ここで φ は

$$\varphi = \arctan\left(\frac{1+r^2}{1-r^2}\tan\theta\right)$$

である．(3.26) 式を用いると，適当な r および θ を与えて τ に対してプロットすることにより複素根をもつ場合の因果的な AR(2) 過程の様々な自己共分散関数を描くことができる．

最後に，相互共分散母関数を定義しておく．X_t と Y_t が定常過程であり，自己共分散関数がそれぞれ $\gamma_{xx}(\tau)$ および $\gamma_{yy}(\tau)$ であるとする．X_t と Y_t の相互共分散関数が $\gamma_{xy}(\tau)$ であるとき，

$$G_{xy}(z) = \sum_{j=-\infty}^{\infty} \gamma_{xy}(j) z^j$$

を X_t と Y_t の相互共分散母関数と呼ぶ．

3.2.1 線形フィルタとの関係

定常過程 $\{X_t\}$ に対し，

$$Y_t = \sum_{k=-\infty}^{\infty} \alpha_k X_{t-k} = \alpha(B) X_t \tag{3.27}$$

と表される $\{Y_t\}$ を定義すると，$\{Y_t\}$ はやはり定常になる．ここで $\sum_{j=-\infty}^{\infty} |\alpha_j| < \infty$ とする．

この Y_t の自己共分散関数は

$$\begin{aligned}\gamma_{yy}(\tau) &= \lim_{n\to\infty} E\left[\left(\sum_{j=-n}^{n} \alpha_j X_{t-j}\right)\left(\sum_{k=-n}^{n} \alpha_k X_{t-\tau-k}\right)\right] \\ &= \lim_{n\to\infty} \sum_{j=-n}^{n}\sum_{k=-n}^{n} \alpha_j \alpha_k \gamma_{xx}(\tau+k-j) \\ &= \sum_{j=-\infty}^{\infty}\sum_{k=-\infty}^{\infty} \alpha_j \alpha_k \gamma_{xx}(\tau+k-j)\end{aligned}$$

となる．よって Y_t の自己共分散母関数は

$$G_{yy}(z) = \sum_{\tau=-\infty}^{\infty}\left(\sum_{j=-\infty}^{\infty}\sum_{k=-\infty}^{\infty} \alpha_j \alpha_k \gamma_{xx}(\tau+k-j)\right) z^{\tau}$$

$$
\begin{aligned}
&= \sum_{j=-\infty}^{\infty} \alpha_j z^j \sum_{k=-\infty}^{\infty} \alpha_k z^{-k} \sum_{\tau=-\infty}^{\infty} \gamma_{xx}(\tau+k-j) z^{\tau+k-j} \\
&= \alpha(z)\alpha(z^{-1})G_{xx}(z) \\
&= |\alpha(z)|^2 G_{xx}(z) \qquad (3.28)
\end{aligned}
$$

となる.

例 3.8　ARMA(p,q)　次のような ARMA(p,q) 過程

$$
\phi(B)X_t = \theta(B)\epsilon_t, \quad \epsilon \sim WN(0,\sigma^2) \qquad (3.29)
$$

は，因果的 ($\phi(z)=0$ のすべての根が単位円の外側) であれば，

$$
X_t = \frac{\theta(B)}{\phi(B)}\epsilon_t
$$

であるため，X_t の自己共分散母関数 $G_{xx}(z)$ は

$$
G_{xx}(z) = \sigma^2 \frac{\theta(z)\theta(z^{-1})}{\phi(z)\phi(z^{-1})} \qquad (3.30)
$$

と表現できる.

ところで，(3.29) 式に従う X_t が非定常である場合 ($\phi(z)=0$ の根のいくつかが単位円周上に存在する場合)，X_t は MA(∞) 表現をもたないが，その場合にも X_t の自己共分散母関数を形式的に (3.30) 式のように表記する場合がある. 例えば

$$
(1-B)X_t = \epsilon_t, \quad \epsilon \sim WN(0,\sigma^2)
$$

で表される X_t に対して

$$
G_{xx}(z) = \frac{\sigma^2}{(1-z)(1-z^{-1})}
$$

とすると，右辺を z のべき級数に展開することはできないが，これを擬似自己共分散母関数 (pseudo autocovariance generating function) と呼ぶ. 自己共分散母関数に関する演算は，擬似自己共分散母関数が含まれていても多くの場合問題なく実行できることが知られており，非定常時系列を含む時系列の統計的性質の分析に有用である.

3.3 和の定理

(3.21) 式で定義される自己共分散母関数は多くの場合計算が容易であり，様々な点で時系列モデルの分析に有用である．ここでは後の章で扱う時系列の分解と関連するトピックとして，和の定理について触れておく．

和の定理とは，複数の時系列を集計して新たな時系列を作成した場合に，元の系列が従うモデルと新しい時系列が従うモデルとの関係を表すものである．

MA モデルの和

まず，それぞれ異なる MA 過程に従う系列 $\{X_t\}$ と $\{Y_t\}$ があり，

$$\begin{aligned} X_t &= \theta(B)u_t, \quad u_t \sim WN(0, \sigma_u^2) \\ Y_t &= \phi(B)v_t, \quad v_t \sim WN(0, \sigma_v^2) \end{aligned}$$

であるとする．ここで $\theta(z), \phi(z)$ はそれぞれ m 次および n 次の多項式で，u_t と v_t は互いに独立であるとする．したがって X_t と Y_t も独立となる．この二つの系列を集計した系列として

$$W_t = X_t + Y_t$$

を考える．X_t と Y_t が独立であることから，

$$\begin{aligned} \gamma_{ww}(\tau) &= E\left[W_t W_{t-\tau}\right] = E\left[(X_t + Y_t)(X_{t-\tau} + Y_{t-\tau})\right] \\ &= E\left[X_t X_{t-\tau}\right] + E\left[Y_t Y_{t-\tau}\right] \\ &= \gamma_{xx}(\tau) + \gamma_{yy}(\tau) \end{aligned}$$

が成り立つ．また，$\theta(z) = 1 + \theta_1 z + \theta_2 z^2 + \cdots + \theta_m z^m$ に対して，

$$\begin{aligned} \theta(z)\theta(z^{-1}) &= \sum_{j=0}^{m}\sum_{k=0}^{m} \theta_j \theta_k z^j z^{-k} \\ &= \sum_{s=-m}^{m} \sum_{k=0}^{m-|s|} \theta_k \theta_{k+|s|} z^s \\ &= \sum_{s=-m}^{m} \tilde{\theta}_s z^s \end{aligned}$$

が成り立つ．ただし $\theta_0 = 1$ および $\tilde{\theta}_s = \sum_{k=0}^{m-|s|} \theta_k \theta_{k+|s|}$ とした．明らかに

$\tilde{\theta}_s = \tilde{\theta}_{-s}$ であることに注意しておく．同様に

$$\phi(z)\phi(z^{-1}) = \sum_{s=-n}^{n} \sum_{k=0}^{n-|s|} \phi_k \phi_{k+|s|} z^s = \sum_{s=-n}^{n} \tilde{\phi}_s z^s$$

とすると，W_t の自己共分散母関数 $G_{ww}(z)$ は

$$\begin{aligned} G_{ww}(z) &= G_{xx}(z) + G_{yy}(z) \\ &= \sigma_u^2 \theta(z)\theta(z^{-1}) + \sigma_v^2 \phi(z)\phi(z^{-1}) \\ &= \sigma_u^2 \sum_{s=-m}^{m} \tilde{\theta}_s z^s + \sigma_v^2 \sum_{s=-n}^{n} \tilde{\phi}_s z^s \end{aligned}$$

となり，z^{-r} から z^r までの項を含む多項式となる．ただし $r = \max(m, n)$ とする．z^s ごとに項をまとめ整理することで，

$$G_{ww}(z) = \sigma^2 \sum_{s=-r}^{r} \tilde{\eta}_s z^s$$

と表すことができる．$\tilde{\eta}_s$ は，$m < n$ の場合は

$$\begin{aligned} \sigma^2 &= \sigma_u^2 \tilde{\theta}_0 + \sigma_v^2 \tilde{\phi}_0 \\ \tilde{\eta}_s &= \begin{cases} \dfrac{\sigma_u^2 \tilde{\theta}_s + \sigma_v^2 \tilde{\phi}_s}{\sigma^2} & (s \leq m) \\ \dfrac{\sigma_v^2 \tilde{\phi}_s}{\sigma^2} & (m < s) \end{cases} \end{aligned}$$

となる．よって，自己共分散母関数の定義より，W_t の自己共分散関数は

$$\gamma_{ww}(\tau) = \begin{cases} \sigma^2 \tilde{\eta}_\tau & (|\tau| \leq r) \\ 0 & (r < |\tau|) \end{cases}$$

となり，$\tau = r + 1$ で切断されているので，W_t は MA(r) に従うことがわかる[*4]．以上より，

$$\mathrm{MA}(m) + \mathrm{MA}(n) = \mathrm{MA}(\max(m, n))$$

が成り立つ．

[*4] 有限のラグで切断された自己共分散関数があるとき，それに対応する MA 過程が存在することは厳密には証明を要するがここでは省略．例えば Brockwell and Davis (1991) を参照．

AR モデルの和

次に，系列 $\{X_t\}$ と $\{Y_t\}$ がそれぞれ AR 過程に従う場合を考え，

$$\theta(B)X_t = u_t, \quad u_t \sim WN(0, \sigma_u^2)$$
$$\phi(B)Y_t = v_t, \quad v_t \sim WN(0, \sigma_v^2)$$

とする．MA モデルの場合と同様に，$\theta(z), \phi(z)$ はそれぞれ m 次および n 次の多項式で，u_t と v_t は互いに独立であるとすると，

$$\begin{aligned} G_{ww}(z) &= \frac{\sigma_u^2}{\theta(z)\theta(z^{-1})} + \frac{\sigma_v^2}{\phi(z)\phi(z^{-1})} \\ &= \frac{\sigma_u^2\phi(z)\phi(z^{-1}) + \sigma_v^2\theta(z)\theta(z^{-1})}{\theta(z)\phi(z)\theta(z^{-1})\phi(z^{-1})} \end{aligned} \tag{3.31}$$

となる．(3.31) 式の分子は MA の場合と同様の議論により次数 $r = \max(m, n)$ の多項式 $\psi(z)$ を用いた形に変形できるので，$G_{ww}(z)$ は

$$G_{ww}(z) = \sigma^2 \frac{\psi(z)\psi(z^{-1})}{\theta(z)\phi(z)\theta(z^{-1})\phi(z^{-1})}$$

となる．よって，AR(m) と AR(n) を集計した系列は ARMA$(m+n, \max(m, n))$ となることがわかるが，$\theta(z)$ と $\phi(z)$ が共通の根をもっている場合は，(3.31) 式の分母と分子に共通の因子が現れて互いに消去されることで次数が減少するため，この点を考慮すると，一般には

$$\mathrm{AR}(m) + \mathrm{AR}(n) = \mathrm{ARMA}(p, q) \quad (p \le m + n, \quad q \le \max(m, n))$$

が成り立つ．

ホワイトノイズとの和

定常過程にホワイトノイズが乗る場合はどうなるだろうか．まず MA 過程にノイズが乗るケースは

$$X_t = Y_t + u_t, \quad u_t \sim WN(0, \sigma_u^2)$$
$$Y_t = \theta(B)v_t, \quad v_t \sim WN(0, \sigma_v^2)$$

というモデルになる．$\theta(z)$ は m 次の多項式で，反転可能であるとする．また，u_t と v_t は互いに独立であるとする．このとき

$$G_{xx}(z) = \sigma_v^2\theta(z)\theta(z^{-1}) + \sigma_u^2$$

$$
\begin{aligned}
&= \sigma_v^2 \sum_{s=-m}^{m} \sum_{k=0}^{m-|s|} \theta_k \theta_{k+|s|} z^s + \sigma_u^2 \\
&= \sigma^2 \sum_{s=-m}^{m} \sum_{k=0}^{m-|s|} \eta_k \eta_{k+|s|} z^s
\end{aligned}
$$

となる．ただし $\sigma^2 = \sigma_v^2 + \sigma_u^2$ で，$\eta(z)$ は $\eta_r = \frac{\sigma_v^2}{\sigma^2}\theta_r$ となる m 次の多項式である．よって

$$
\mathrm{MA}(m) + WN = \mathrm{MA}(m)
$$

が成り立つ．

AR 過程の場合は

$$
\begin{aligned}
X_t &= Y_t + u_t, \quad u_t \sim WN(0, \sigma_u^2) \\
\phi(L)Y_t &= v_t, \quad v_t \sim WN(0, \sigma_v^2)
\end{aligned}
$$

となる．$\phi(z)$ は n 次の多項式で，因果的であるとする．また，u_t と v_t は互いに独立であるとする．この場合は

$$
\begin{aligned}
G_{xx}(z) &= \frac{\sigma_v^2}{\phi(z)\phi(z^{-1})} + \sigma_u^2 \\
&= \frac{\sigma_v^2 + \sigma_u^2 \phi(z)\phi(z^{-1})}{\phi(z)\phi(z^{-1})} \\
&= \sigma^2 \frac{\eta(z)\eta(z^{-1})}{\phi(z)\phi(z^{-1})}
\end{aligned}
$$

となる．ただし $\sigma^2 = \sigma_v^2 + \sigma_u^2$ としている．$\eta(z)$ は n 次の多項式なので，

$$
\mathrm{AR}(n) + WN = \mathrm{ARMA}(n, n)
$$

となる．

ARMA 過程の和

最後に一般的な場合について確認しておく．系列 $\{X_t\}$ と $\{Y_t\}$ がそれぞれ ARMA 過程に従う場合を考え，

$$
\begin{aligned}
\phi_1(B)X_t &= \theta_1(B)u_t, \quad u_t \sim WN(0, \sigma_u^2) \\
\phi_2(B)Y_t &= \theta_2(B)v_t, \quad v_t \sim WN(0, \sigma_v^2) \\
W_t &= X_t + Y_t
\end{aligned}
$$

とする．ここまでの議論と同様に，u_t, v_t は互いに独立で，$\{X_t\}$ は $\{Y_t\}$ 因果的であるとする．また，X_t の AR 次数と MA 次数をそれぞれ p_1, q_1，Y_t の AR 次数と MA 次数をそれぞれ p_2, q_2 としておく．これらの次数はすべて 1 以上とする．集計系列 W_t の自己共分散母関数は

$$
\begin{aligned}
G_{ww}(z) &= \frac{\theta_1(z)\theta_1(z^{-1})}{\phi_1(z)\phi_1(z^{-1})}\sigma_u^2 + \frac{\theta_2(z)\theta_2(z^{-1})}{\phi_2(z)\phi_2(z^{-1})}\sigma_v^2 \\
&= \frac{\theta_1(z)\theta_1(z^{-1})\phi_2(z)\phi_2(z^{-1})\sigma_u^2 + \theta_2(z)\theta_2(z^{-1})\phi_1(z)\phi_1(z^{-1})\sigma_v^2}{\phi_1(z)\phi_1(z^{-1})\phi_2(z)\phi_2(z^{-1})}
\end{aligned}
$$

となるので，合成系列の AR 次数は $p_1 + p_2$，MA 次数は $\max(p_2 + q_1, p_1 + q_2)$ となる．共通の根の存在を考慮して結果をまとめると，

$$
\mathrm{ARMA}(p_1, q_1) + \mathrm{ARMA}(p_2, q_2) = \mathrm{ARMA}(p, q)
$$

となる．ただし p, q は $p \leq p_1 + p_2, q \leq \max(p_2 + q_1, p_1 + q_2)$ を満たす自然数とする．

以上，時系列を集計した場合に，集計操作の前後で系列の統計的性質がどのように変化するかを和の定理としてまとめた．

経済時系列の季節調整では，季節調整と集計操作との整合性が問題になる場合がある．例えば GDP 統計では，GDP 系列自体の季調済系列以外に，民間最終消費支出や家計最終消費支出などの細目についても季調済系列が公表されるが，ARIMA モデルを利用する X-12-ARIMA などの季節調整法を用いる場合には，集計系列と個別系列のそれぞれに適用するモデルの次数は，少なくとも理論的には和の定理などの一定の制約条件を満たしているべきだと考えられる．その他，第 8 章で扱う TRAMO-SEATS 法では，原系列に対して適用した ARIMA モデルを，トレンド成分や季節成分などの個別の要素を表す ARIMA モデルに分解するという，和の定理とは逆の操作が行われる．

3.4 covariance-generating transform

(3.19) 式で表される自己共分散関数の変換 $G(z)$ は自己共分散母関数と呼ばれるが，この変換は信号処理などの分野でよく利用される z 変換に類似した変

換になっている.

一般に離散時間の信号 x_t に対して

$$X(z)=\sum_{j=-\infty}^{\infty} x_j z^{-j} \tag{3.32}$$

という変換を z 変換と呼ぶ. z は複素数である. ただし $\sum_{j=-\infty}^{\infty}|x_j z^j|<\infty$ であるとする. この場合に (3.32) 式の右辺は収束する. z 変換は数学的には離散時間フーリエ変換を特殊なケースとして包含する変換であり, 信号やシステムの解析に有用である. フーリエ変換との関係については第 4 章で触れる.

(3.19) 式で表される変換は, z 変換の z^{-j} を z^j としたもので, 自己共分散関数の covariance-generating transform と呼ばれる[*5]. ただし, 定常過程の自己共分散関数は偶関数であるので, (3.19) 式は自己共分散関数の z 変換と同じである.

covariance-generating transform を自己相関関数に対する変換としてだけではなく, 一般の離散時間の信号 x_t に対する変換として

$$X(z)=\mathcal{Z}\left[x_t\right]=\sum_{j=-\infty}^{\infty} x_j z^j \tag{3.33}$$

という記号で表すことにすると, 次のような性質をもつことがわかる.

線形性 二つの系列 x_t, y_t に対して,

$$\mathcal{Z}\left[a x_t+b y_t\right]=a \mathcal{Z}\left[x_t\right]+b \mathcal{Z}\left[y_t\right]$$

時間遅れ

$$\begin{aligned}
\mathcal{Z}\left[x_{t-k}\right] &=\sum_{j=-\infty}^{\infty} x_{j-k} z^j \\
&=z^k \sum_{j=-\infty}^{\infty} x_{j-k} z^{j-k} \\
&=z^k \mathcal{Z}\left[x_t\right]
\end{aligned}$$

---

*5) "covariance-generating transform" という名称は Nerlove *et al.* (1979) で用いられている. 数学上は z 変換と本質的な違いはなく, 符号を適宜調整してやることで同等の計算を行うことができる.

時間進み

$$\mathcal{Z}\left[x_{t+k}\right] = \sum_{j=-\infty}^{\infty} x_{j+k} z^j$$
$$= z^{-k} \sum_{j=-\infty}^{\infty} x_{j+k} z^{j+k}$$
$$= z^{-k} \mathcal{Z}\left[x_t\right]$$

たたみこみ

$$\mathcal{Z}\left[\sum_{k=-\infty}^{\infty} \beta_k x_{t-k}\right] = \sum_{j=-\infty}^{\infty} \left(\sum_{k=-\infty}^{\infty} \beta_k x_{j-k}\right) z^j$$
$$= \sum_{k=-\infty}^{\infty} \beta_k z^k \sum_{j=-\infty}^{\infty} x_{j-k} z^{j-k}$$
$$= \mathcal{Z}\left[\beta_t\right] \mathcal{Z}\left[x_t\right]$$

(3.32) 式の逆変換は

$$x_t = \frac{1}{2\pi i} \oint_{|z|=1} \frac{X(z)}{z^{t+1}} dz \tag{3.34}$$

により与えられる．これは $|z| = 1$ となる単位円周上における反時計回りの周回積分を表している．

3.5 フーリエ変換

フーリエ変換は数学的には z 変換の特殊なケースとなっている．ここではフーリエ解析や確率過程のスペクトラム表現といった，一般的な時系列解析の議論は省略して，自己共分散母関数との関係からパワースペクトラムを導き，ARMA モデルの周波数領域からみた特徴についてまとめておく．

3.5.1 自己共分散母関数とパワースペクトラム

定常過程 $\{X_t\}$ の自己共分散関数を $\gamma_{xx}(\tau)$ とし，$\{X_t\}$ の自己共分散母関数を

$$G_{xx}(z) = \sum_{j=-\infty}^{\infty} \gamma_{xx}(j) z^j \tag{3.35}$$

とする．ただし，$\gamma_{xx}(\tau)$ について

$$\sum_{\tau=-\infty}^{\infty} |\gamma_{xx}(\tau)| < \infty \tag{3.36}$$

が満たされるとする．

自己共分散母関数について，z の取り得る領域を単位円周上に限定し極座標表現に改める．すなわち，$z = e^{-i\lambda}$ $(-\pi \leq \lambda \leq \pi)$ とすると，自己共分散母関数は

$$G_{xx}(e^{-i\lambda}) = \sum_{j=-\infty}^{\infty} \gamma_{xx}(j) e^{-ij\lambda} \tag{3.37}$$

となる．ここで i は虚数単位とする．(3.37) 式は $\gamma_{xx}(\tau)$ のフーリエ変換となっている．(3.36) 式の下で

$$\sum_{j=-\infty}^{\infty} \gamma_{xx}(j) e^{-ij\lambda} \leq \sum_{j=-\infty}^{\infty} |\gamma_{xx}(j)||e^{-ij\lambda}| < \infty$$

となるので，(3.37) 式の右辺は収束する．自己共分散関数のフーリエ変換を λ の関数とみて

$$\begin{aligned} F_{xx}(\lambda) &= \frac{1}{2\pi} G_{xx}(e^{-i\lambda}) \\ &= \frac{1}{2\pi} \sum_{j=-\infty}^{\infty} \gamma_{xx}(j) e^{-ij\lambda} \end{aligned} \tag{3.38}$$

とするとき，関数 $F_{xx}(\lambda)$ を X_t のパワースペクトラムと呼ぶ．λ は角周波数と呼ばれる．なお，$\gamma_{xx}(j)$ は偶関数なので，オイラーの公式を利用すると

$$\begin{aligned} F_{xx}(\lambda) &= \frac{1}{2\pi} \sum_{j=-\infty}^{\infty} \gamma_{xx}(j) e^{-ij\lambda} \\ &= \frac{1}{2\pi} \left(\gamma_{xx}(0) + 2 \sum_{j=1}^{\infty} \gamma_{xx}(j) \cos j\lambda \right) \end{aligned} \tag{3.39}$$

と表すこともできる．したがって $F_{xx}(\lambda)$ も偶関数となる．

(3.35) 式の逆変換を $z = e^{-i\lambda}$ として λ に関する積分に直すと

$$\gamma_{xx}(\tau) = \frac{1}{2\pi i} \oint_{|z|=1} \frac{G_{xx}(z)}{z^{\tau+1}} dz$$

$$
\begin{aligned}
&= \frac{1}{2\pi i}\int_{-\pi}^{\pi} \frac{G_{xx}(e^{-i\lambda})}{e^{-i\lambda(\tau+1)}} ie^{-i\lambda} d\lambda \\
&= \frac{1}{2\pi}\int_{-\pi}^{\pi} G_{xx}(e^{-i\lambda}) e^{i\tau\lambda} d\lambda \\
&= \int_{-\pi}^{\pi} F_{xx}(\lambda) e^{i\tau\lambda} d\lambda \qquad (3.40)
\end{aligned}
$$

が成り立つ．これは $F_{xx}(\lambda)$ の逆フーリエ変換と呼ばれる．(3.38) 式と (3.40) 式で表される $\gamma_{xx}(\tau)$ と $F_{xx}(\lambda)$ との相互の関係性をウィーナー・ヒンチンの公式という．

(3.40) 式より，$\tau = 0$ のとき

$$
\gamma_{xx}(0) = \int_{-\pi}^{\pi} F_{xx}(\lambda) d\lambda
$$

となる．これは，$\{X_t\}$ の分散 $\gamma_{xx}(0)$ を λ ごとに分解した量がパワースペクトラムであることを示している．よって，$F_{xx}(\lambda)$ をみることにより，X_t の変動の中でどの周期の循環が支配的であるかを確認することができる．

もし $\{X_t\}$ がホワイトノイズ ($WN(0, \sigma^2)$) であれば，

$$
\gamma_{xx}(\tau) = \begin{cases} \sigma^2 & (\tau = 0) \\ 0 & (\tau \neq 0) \end{cases}
$$

より

$$
G_{xx}(z) = \sigma^2
$$

となるので，パワースペクトラムは

$$
F_{xx}(\lambda) = \frac{\sigma^2}{2\pi}
$$

となり，λ によらず一定となる．

3.5.2　線形フィルタの性質

定常時系列 X_t に対して線形なフィルタを適用して得られる系列を Y_t とする．すなわち

$$
Y_t = \sum_{k=-\infty}^{\infty} \alpha_k X_{t-k} = \alpha(B) X_t
$$

とする．この $\{Y_t\}$ と $\{X_t\}$ に関しては，それぞれの自己共分散母関数について

$$G_{yy}(z) = \alpha(z^{-1})\alpha(z)G_{xx}(z)$$

という関係が成り立つので，

$$\begin{aligned} F_{yy}(\lambda) &= \alpha(e^{i\lambda})\alpha(e^{-i\lambda})F_{xx}(\lambda) \\ &= |\alpha(e^{-i\lambda})|^2 F_{xx}(\lambda) \end{aligned} \quad (3.41)$$

となる．ここで $F_{yy}(\lambda)$ および $F_{xx}(\lambda)$ はそれぞれ $\{Y_t\}$ と $\{X_t\}$ のパワースペクトラムとする．このとき $\alpha(e^{-i\lambda})$ はフィルタの周波数応答関数と呼ばれる．周波数応答関数は一般には複素数となり，その絶対値 $|\alpha(e^{-i\lambda})|$ はゲインと呼ばれる．また，$|\alpha(e^{-i\lambda})|^2$ はパワー伝達関数と呼ばれ，$\{X_t\}$ に対して α_k $(k = 0, \pm 1, \pm 2, \ldots)$ をウェイトとする移動平均を適用した場合に，周波数領域においてどのような影響がもたらされるかを示す関数となる．

3.5.3 ARMA モデルのパワースペクトラム

X_t が ARMA(p,q) モデルに従い，

$$\phi(B)X_t = \theta(B)\epsilon_t, \quad \epsilon_t \sim WN(0, \sigma^2)$$

が成り立つとき，自己共分散母関数は

$$G_{xx}(z) = \sigma^2 \frac{\theta(z)\theta(z^{-1})}{\phi(z)\phi(z^{-1})}$$

となるので，パワースペクトラムは

$$F_{xx}(\lambda) = \frac{\sigma^2}{2\pi} \frac{\theta(e^{-i\lambda})\theta(e^{i\lambda})}{\phi(e^{-i\lambda})\phi(e^{i\lambda})}$$

により与えられる．

ホワイトノイズ $\{\epsilon_t\}$ のパワースペクトラムは

$$F_{\epsilon\epsilon}(\lambda) = \frac{\sigma^2}{2\pi}$$

となり一定である．よって ARMA(p,q) モデルのパワースペクトラムは，$\frac{\theta(e^{-i\lambda})\theta(e^{i\lambda})}{\phi(e^{-i\lambda})\phi(e^{i\lambda})}$ というパワー伝達関数をもつ線形フィルタにより，ホワイトノイズのパワースペクトラムの特定の周波数におけるパワーを増幅または減衰さ

せたものと解釈できる．

例 3.9　**AR(1)**　X_t が AR(1) モデル

$$X_t = \phi X_{t-1} + \epsilon_t, \quad \epsilon_t \sim WN(0, \sigma^2)$$

に従うとする．ただし $|\phi| < 1$ とする．X_t の自己共分散母関数は

$$G_{xx}(z) = \frac{\sigma^2}{(1 - \phi z^{-1})(1 - \phi z)}$$

となるので，パワースペクトラムは

$$\begin{aligned} F_{xx}(\lambda) &= \frac{\sigma^2}{2\pi} \frac{1}{(1 - \phi e^{i\lambda})(1 - \phi e^{-i\lambda})} \\ &= \frac{\sigma^2}{2\pi} \frac{1}{1 + \phi^2 - 2\phi \cos \lambda} \end{aligned} \tag{3.42}$$

で与えられる．

AR(1) モデルの特性方程式 $1 - \phi z = 0$ の解が $1.05, 2, 10, -10, -2, -1.05$ となる各ケースについて，解の逆数の位置，サンプルパス，自己相関関数，パワースペクトラムを図 3.1 から図 3.6 に示した．

各図のパネル A は特性方程式の解の逆数を複素平面上の $*$ で示している．したがって，$*$ が単位円の内側にある場合に系列は因果的となる．パネル B はその場合のサンプルパスを 120 期間分発生させた結果のプロットである．パネル C および D は，AR モデルの自己相関関数およびパワースペクトラムをそれぞれ表している．ただしパワースペクトラムは角周波数 λ ではなく，周波数 $\omega = \frac{\lambda}{2\pi}$ に対してプロットしている．なお，この系列が月次の時系列データであるとき，季節変動の周期は 12 となるので，季節性に対応する周波数である季節周波数は $1/12 \simeq 0.083$ cycle/month とその整数倍となるが，パネル A とパネル D では季節周波数に対応する箇所を点線で示している．

各図によると，根が正の場合は，根の絶対値が 1 に近いほど自己相関関数の減衰が遅くなると同時に低周波が強まり，絶対値が 1 より大きいほど系列はホワイトノイズに近づく．解が負の場合は，高周波が強まり系列は正負に振動する．

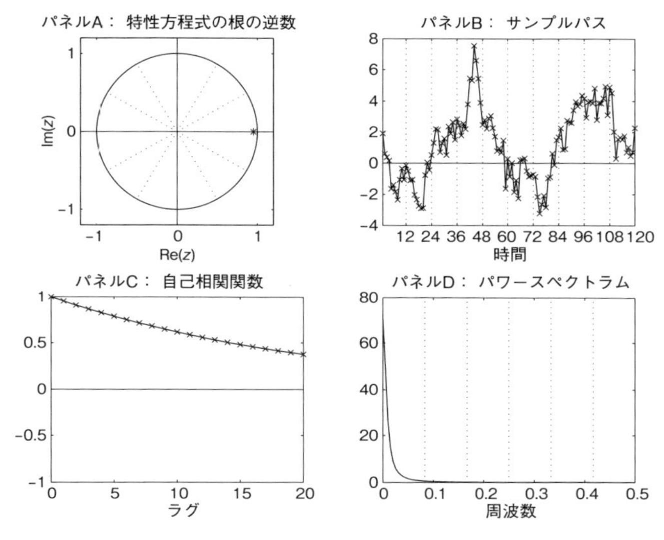

図 **3.1** AR(1)：$z = 1.05$ の場合

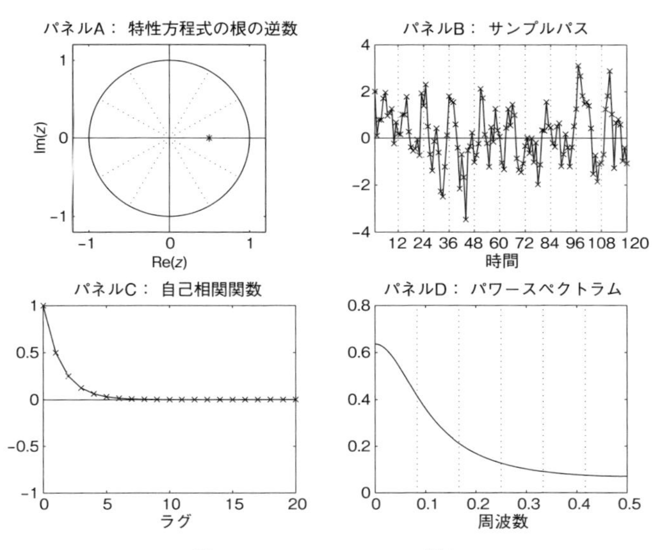

図 **3.2** AR(1)：$z = 2$ の場合

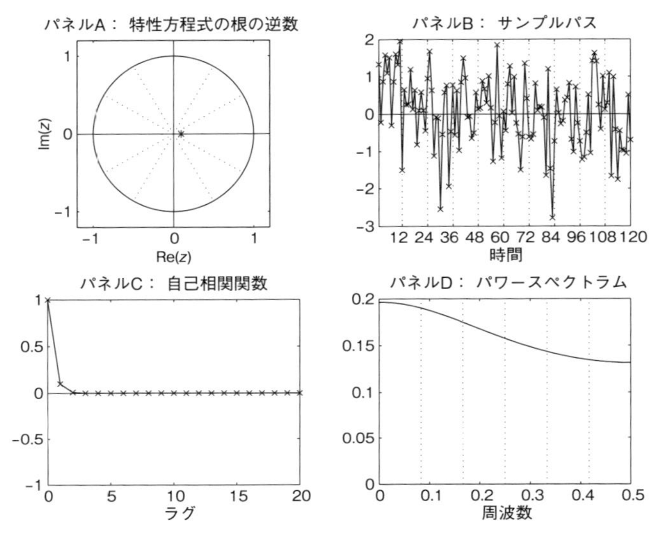

図 **3.3**　AR(1)：$z = 10$ の場合

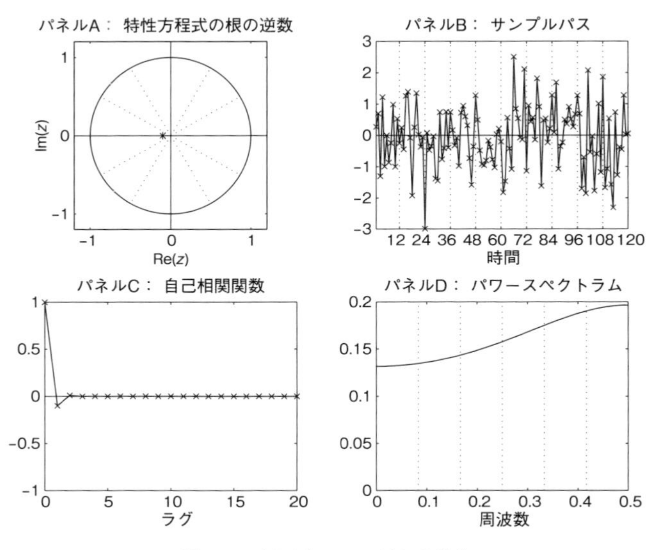

図 **3.4**　AR(1)：$z = 110$ の場合

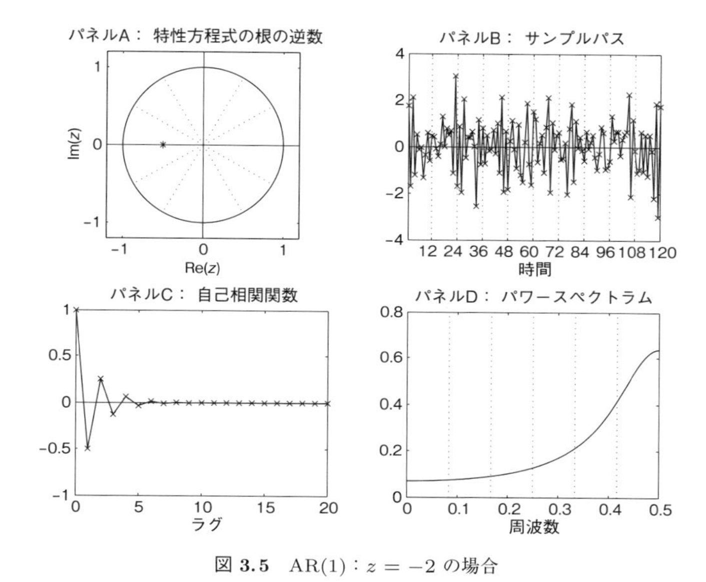

図 **3.5** AR(1)：$z = -2$ の場合

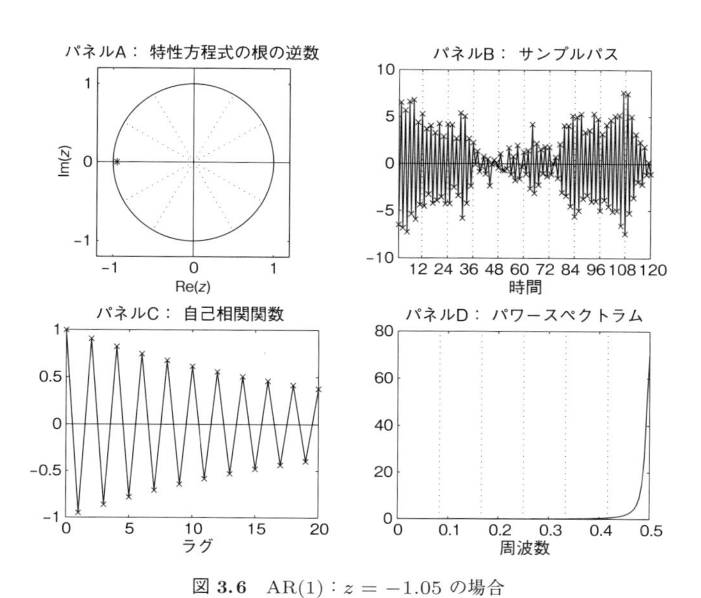

図 **3.6** AR(1)：$z = -1.05$ の場合

例 3.10 **AR(2)** X_t が因果的な AR(2) モデル

$$X_t = \phi_1 X_{t-1} + \phi_2 X_{t-2} + \epsilon_t, \quad \epsilon_t \sim WN(0, \sigma^2)$$

に従うとする．ただし特性方程式

$$1 - \phi_1 z - \phi_2 z^2 = 0$$

の解の絶対値はいずれも 1 より大きいとする．このとき X_t の自己共分散母関数は

$$G_{xx}(z) = \frac{\sigma^2}{(1 - \phi_1 z^{-1} - \phi_2 z^{-2})(1 - \phi_1 z - \phi_2 z^2)}$$

となるので，パワースペクトラムは

$$\begin{aligned} F_{xx}(\lambda) &= \frac{\sigma^2}{2\pi} \frac{1}{(1 - \phi_1 e^{i\lambda} - \phi_2 e^{i2\lambda})(1 - \phi_1 e^{-i\lambda} - \phi_2 e^{-i2\lambda})} \\ &= \frac{\sigma^2}{2\pi} \frac{1}{1 + \phi_1^2 + \phi_2^2 - 2\phi_1(1 - \phi_2)\cos\lambda - 2\phi_2 \cos 2\lambda} \end{aligned} \tag{3.43}$$

で与えられる．

例 3.7 でみたように，因果的な AR(2) モデルの特性方程式を

$$\phi(z) = 1 - \phi_1 z - \phi_2 z^2 = (1 - \beta_1 z)(1 - \beta_2 z)$$

と表した場合，自己共分散母関数は

$$G_{xx}(z) = \frac{\sigma^2}{2\pi} \frac{1}{(1 - \beta_1 z)(1 - \beta_1 z^{-1})} \frac{1}{(1 - \beta_2 z)(1 - \beta_2 z^{-1})}$$

となり，根は $z = \beta_1^{-1}, \beta_2^{-1}$ となる．これらが実数根である場合にはパワースペクトラムは

$$F_{xx}(\lambda) = \frac{\sigma^2}{2\pi} \frac{1}{1 + \beta_1^2 - 2\beta_1 \cos\lambda} \frac{1}{1 + \beta_2^2 - 2\beta_2 \cos\lambda}$$

となり，AR(1) モデルのパワースペクトラムの表現の組み合わせにより表される．

他方，$\beta_1^{-1}, \beta_2^{-1}$ が複素根である場合は解は複素共役になり，X_t の変動は循環的になる．図 3.7 から図 3.12 にいくつかの複素根の組み合わせについて，

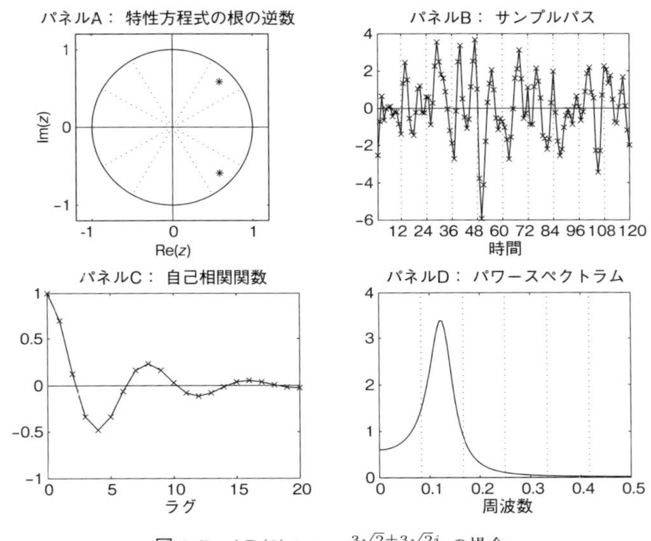

図 3.7　AR(2)：$z = \frac{3\sqrt{2}\pm3\sqrt{2}i}{5}$ の場合

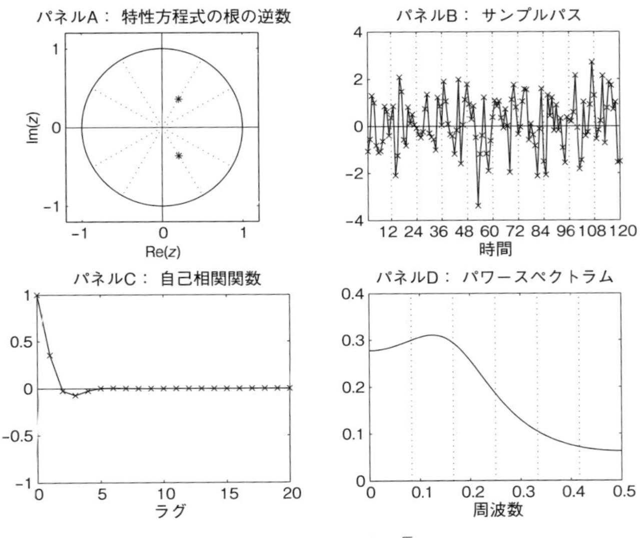

図 3.8　AR(2)：$z = \frac{6\pm6\sqrt{3}i}{5}$ の場合

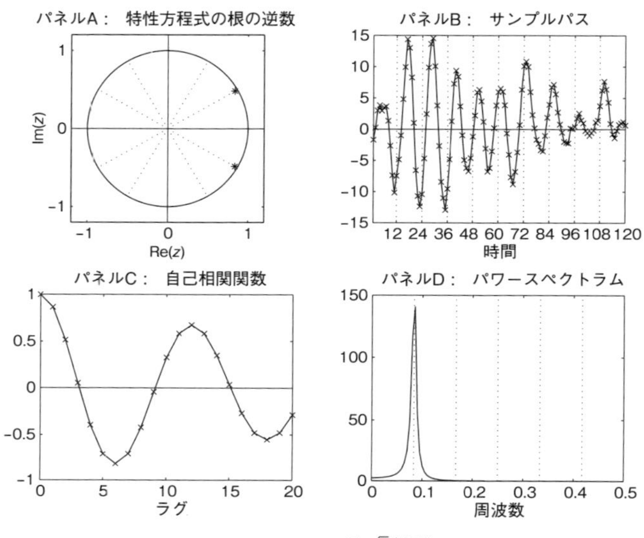

図 3.9 AR(2)：$z = \frac{31\sqrt{3}\pm 31i}{60}$ の場合

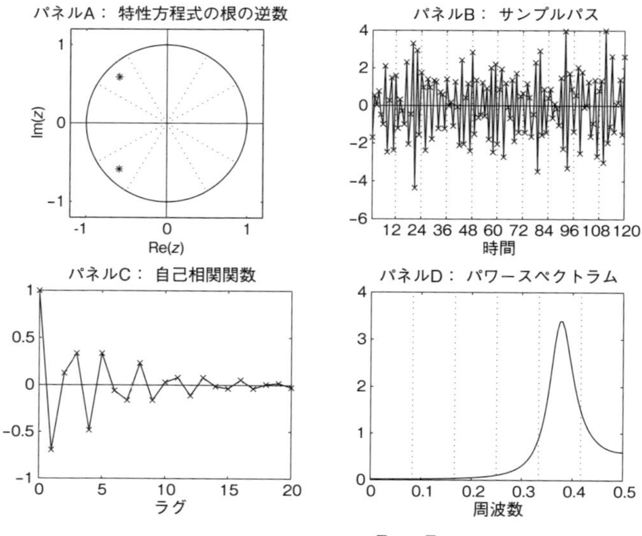

図 3.10 AR(2)：$z = \frac{-3\sqrt{2}\pm 3\sqrt{2}i}{5}$ の場合

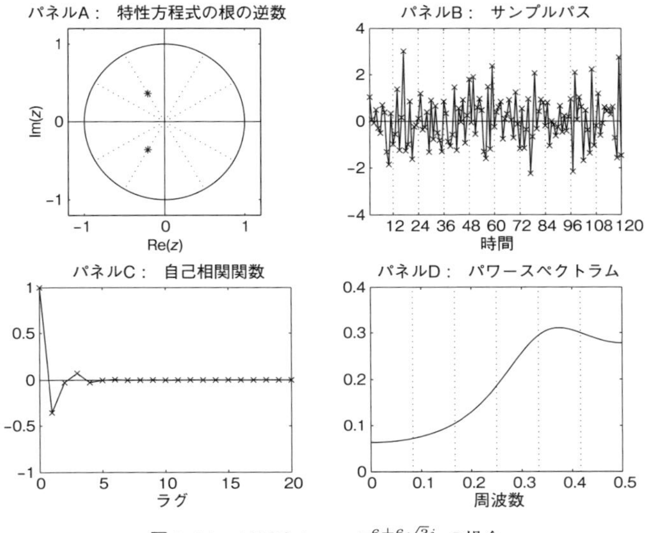

図 **3.11** AR(2)：$z = \frac{-6\pm6\sqrt{3}i}{5}$ の場合

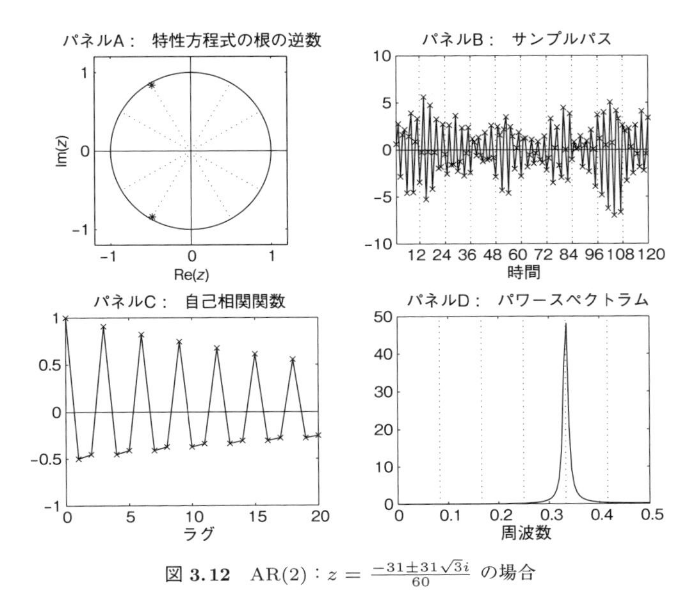

図 **3.12** AR(2)：$z = \frac{-31\pm31\sqrt{3}i}{60}$ の場合

AR(1) と同様のグラフを示した．

図 3.7 は，解が $z=\frac{3\sqrt{2}\pm 3\sqrt{2}i}{5}$ となるケースを表している．系列は循環的な変動を示しており，パワースペクトラムは 0.13 付近にピークを有している．このように，一般には因果的な AR(2) 過程が複素根をもつ場合，$0<\omega=\frac{\lambda}{2\pi}<0.5$ の範囲にピークが発生する．

図 3.8 では，根が季節周波数に対応しているが，根の逆数が 0 に近く，パワースペクトラムはピークをもつものの AR(1) に近い特徴をもつ．図 3.9 は，根が $z=\frac{31\sqrt{3}\pm 31i}{60}$ で，季節周波数上の単位に近い領域にある場合を示している．系列には 12 期を 1 周期とする周期変動が生じており，パワースペクトラムは季節周波数である 0.083 cycle/month において鋭いピークをもっている．このような変動は季節性に対応していると考えられる．

図 3.10 から図 3.12 は根の実部が負であるケースに対応する．各々の特徴は図 3.7 から図 3.9 の場合に似ているが，パワースペクトラムのピークは高周波領域に存在する．

例 3.11　**AR($\boldsymbol{p}$)**　X_t が因果的な AR(p) モデル

$$X_t=\phi_1X_{t-1}+\phi_2X_{t-2}+\cdots+\phi_pX_{t-p}+\epsilon_t,\quad \epsilon_t\sim WN(0,\sigma^2)$$

に従うとする．モデルが因果的ならば，特性方程式

$$\phi(z)=1-\phi_1z-\phi_2z^2-\cdots-\phi_pz^p=0 \tag{3.44}$$

のすべての根の絶対値が 1 より大きくなる．(3.44) 式は複素根を許すと，一般に

$$\prod_{j=1}^{p}(1-\beta_jz)=0$$

と変形することができ，根は $\beta_j^{-1}(j=1,\ldots,p)$ となる．ただし，これらの根は実根，重根，複素根の場合も含む．また，複素根の場合はその共役複素数も根に含まれる．これより，X_t の自己共分散母関数は

$$G_{xx}(z)=\frac{\sigma^2}{\prod_{j=1}^{p}(1-\beta_jz)(1-\beta_jz^{-1})}$$

となるので，パワースペクトラムは

$$F_{xx}(\lambda) = \frac{\sigma^2}{2\pi} \frac{1}{\prod_{j=1}^{p} |1 - \beta_j e^{-ij\lambda}|^2}$$

となり，AR(1) と AR(2) のパワー伝達関数の組み合わせで表される．

例 3.12 **ランダムウォーク** AR モデルの特殊なケースとして，ランダムウォークの例をみておく．X_t が

$$(1 - B)X_t = \epsilon_t, \quad \epsilon_t \sim WN(0, \sigma^2)$$

を満たすとする．このような X_t は非定常となり分散は存在しない．X_t の擬似自己共分散母関数を

$$G_{xx}(z) = \frac{\sigma^2}{(1 - z)(1 - z^{-1})}$$

としておく．よって対応するパワースペクトラムは

$$\begin{aligned} F_{xx}(\lambda) &= \frac{\sigma^2}{2\pi} \frac{1}{(1 - e^{-i\lambda})(1 - e^{i\lambda})} \\ &= \frac{\sigma^2}{2\pi} \frac{1}{2(1 - \cos\lambda)} \end{aligned} \tag{3.45}$$

となる．ただし，(3.45) 式は $\lambda = 0$ で発散し，したがって

$$\int_{-\pi}^{\pi} F_{xx}(\lambda) d\lambda = \infty$$

となる点に注意する必要がある．しかしながら，この関数は $0 < \lambda$ では定義され，定常過程のパワースペクトラムと同様の性質をもつことが知られている．これを擬似自己共分散母関数と同様に擬似スペクトラムと呼ぶ．

Chapter 4
季節変動の周期性

本章では，周波数領域からみた季節変動の特徴を確認する．カレンダー上の曜日の配置の変化によって生じる曜日効果は季節変動の原因の一つであり，多くの場合季節調整の対象となる．曜日効果の周期性と季節変動との関係についてもあわせて説明する．

4.1　周波数領域からみた季節性

季節成分とは1年を周期とする周期性をもつ変動を指す．季節性を含む時系列の季節性は，季節性に相当する周波数におけるパワースペクトラムのピークとして特徴付けられる．

月次データにおける季節変動は12ヶ月を周期とした周期変動だが，周波数の観点からは1ヶ月に$1/12 \simeq 0.083$サイクルすることになり，0.083 cycle/month とその整数倍の周波数が「季節周波数」となる．

角周波数λに基づいて定義されている(3.40)式を季節周波数と対応させるために，λを$f = \frac{\lambda}{2\pi}$ $(-0.5 \leq f \leq 0.5)$で置き換えた関数を改めて

$$F_{xx}(f) = \frac{1}{2\pi} \sum_{j=-\infty}^{\infty} \gamma_{xx}(j) e^{-2\pi ijf} \tag{4.1}$$

と表すと，これは単位時間あたりにfサイクルする周期成分の強さを表す関数となっている．したがって，あるデータが季節性をもつかどうかは，そのデータのパワースペクトラムまたはゲインを求め，fが0.083とその整数倍になる箇所にピークが存在するかどうかを調べることによって確かめることができる．

また，原系列O_tに対して移動平均フィルタを適用した場合の影響もパワース

ペクトラムやゲインによって分析できる．例として第2章でみた13項移動平均フィルタの性質を確認しておこう．13項移動平均の移動平均のウェイト w_j は

$$w_j = \begin{cases} \dfrac{1}{24} & (j = -6, 6) \\ \dfrac{1}{12} & (-5 \le j \le 5) \end{cases} \tag{4.2}$$

となるので，ゲイン $G(f)$ は (3.41) 式より

$$G(f) = \left| \frac{1}{24}e^{2\pi i f \cdot 6} + \frac{1}{12}e^{2\pi i f \cdot 5} + \cdots + \frac{1}{12}e^{-2\pi i f \cdot 5} + \frac{1}{24}e^{-2\pi i f \cdot 6} \right|$$

となる．この関数のグラフを図4.1に示した．図中の縦の点線は曜日周波数を表している．図からわかる通り，この13項移動平均フィルタは，ちょうど曜日周波数に対応する成分を除去するフィルタとして機能する．

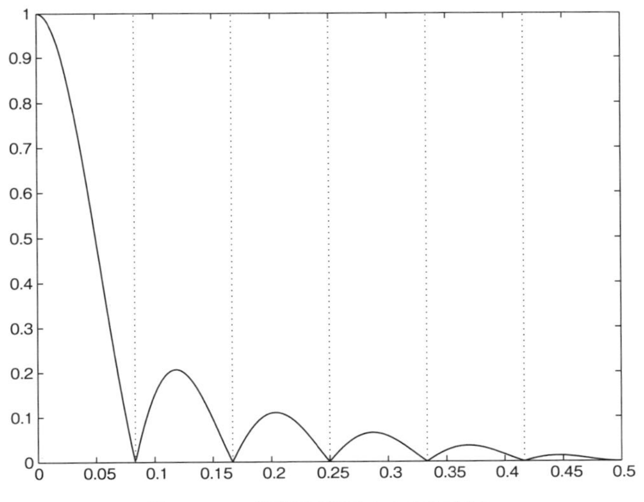

図 4.1 13項移動平均フィルタのゲイン

4.2 曜 日 効 果

月次や四半期別の時系列データに周期的変動をもたらす原因の一つに曜日効果がある．季節性は気候的要因，制度的要因，社会的要因などによって発生す

る周期変動であるが，曜日効果は単純にカレンダーに沿った集計の結果として生じる見かけ上の変動である．

曜日効果は経済外の要因による変動であることが明確であるため，季節調整を行う際に同時に除去されることが多く，主要な季節調整ソフトウェアでも曜日効果調整のためのオプションが実装されている．

4.2.1 曜日効果モデル

フローデータの曜日効果は，データの数値が曜日ごとに異なっている系列が月次集計されることで生じる変動なので，以下では1週間の周期をもつ日次系列を形式的に構成し分析する．1週間の周期性をもつ日次データを月次集計した場合，集計データにも一定の周期的変動が現れる．曜日効果は，季節性のように原データの時系列プロットから明らかに見て取れるような変動ではないが，周波数領域での分析においては特定の周波数 (曜日周波数) におけるスペクトルのピークとして観測される．

まず $Y(d)$ を日次の系列とする．d の単位は1日である．$Y(d)$ が7日の周期をもつとするとき，三角関数を用いて次のように表現することができる．

$$Y(d) = a_0 + \sum_{k=1}^{3}\left\{a_k \cos\left(\frac{2\pi kd}{7}\right) + b_k \sin\left(\frac{2\pi kd}{7}\right)\right\} \tag{4.3}$$

a_0, a_k, b_k $(k = 1, 2, 3)$ は係数パラメータである．次に t の単位を月として $Y(d)$ を月次に集計した系列を $y(t)^*$ とする．d_t を第 t 月の最初の日を表すとすると，$y(t)^*$ は

$$\begin{aligned} y(t)^* &= \sum_{d=d_t}^{d_{t+1}-1} Y(d) \\ &= a_0 X_{0t}^* + \sum_{k=1}^{3}(a_k X_{kt} + b_k Z_{kt}) \end{aligned} \tag{4.4}$$

と表現される．ここで X_{0t}^*, X_{kt}, Z_{kt} は以下のように定義される変数である．

$$X_{0t}^* = d_{t+1} - d_t \tag{4.5}$$

$$X_{kt} = \sum_{d=d_t}^{d_{t+1}-1} \cos\left(\frac{2\pi kd}{7}\right) \tag{4.6}$$

$$Z_{kt} = \sum_{d=d_t}^{d_{t+1}-1} \sin\left(\frac{2\pi kd}{7}\right) \tag{4.7}$$

X^*_{0t} は t 番目の月の日数を表している．カレンダー上では曜日と日付が毎年 1 日ずつずれる事実と 4 年ごとの閏年の存在を考慮すれば，$y(t)^*$ は 7×4 年 $=$ 336 ヶ月の周期をもっていることがわかる[*1]．X^*_{0t}, X_{kt}, Z_{kt} $(k = 1, 2, 3)$ の七つの変数は，実際のカレンダーから連続した 336 ヶ月を任意に選び d_t にあたる系列を指定すれば具体的に求めることができる．

次に，X^* から平均を除去した系列を

$$\begin{aligned} X_{0t} &= X^*_{0t} - \frac{1}{336}\sum_{i=0}^{335} X^*_{0t+i} \\ &= X^*_{0t} - 30.4375 \end{aligned} \tag{4.8}$$

と置いて，

$$y(t) = a_0 X_{0t} + \sum_{k=1}^{3}(a_k X_{kt} + b_k Z_{kt}) \tag{4.9}$$

を改めて曜日効果と定義する．ここで問題にするのは $y(t)^*$ の周期的特性なので，定数にあたる部分を $y(t)^*$ から除去した $y(t)$ の性質についてのみをみることにする．$y(t)$ は 336 ヶ月の周期で変動し，$\frac{1}{336}\sum_{t=1}^{336} X^*_{0t} = 30.4375$ であることから，$y(t)$ の 1 周期 (336 ヶ月) での合計は 0 になる．したがって (4.9) 式で定義される $y(t)$ は，曜日効果のみを表現する系列ということになる．なお定義より，X_{0t} は月の長さが変化することによる効果を表しており，同時に「閏年効果」(leap year effect) も含んでいる．

ところで，X_{0t}, X_{kt}, Z_{kt} $(k = 1, 2, 3)$ の七つの系列は，それぞれ直交していることを確かめることができる．すなわち

[*1] グレゴリオ暦では西暦年が 4 で割り切れる年が閏年となるが，閏年のうち西暦年が 100 で割り切れる場合は平年となり，さらにそのうち 400 で割り切れる年は閏年となる．よって厳密なカレンダーの周期は 400 年であるが，経済データの分析ではあまり意味がないので，ここでは周期は近似的に 28 年と考える．

$$\begin{aligned}\sum_{t=1}^{336} X_{it}X_{jt} &= 0 \quad (i \neq j)\\ \sum_{t=1}^{336} X_{it}Z_{jt} &= 0\end{aligned} \tag{4.10}$$

となっている．また，

$$\sum_{t=1}^{336} X_{0t}^2 = 222.69 \tag{4.11}$$

$$\sum_{t=1}^{336} X_{1t}^2 = \sum_{t=1}^{336} Z_{1t}^2 = 680.12 \tag{4.12}$$

$$\sum_{t=1}^{336} X_{2t}^2 = \sum_{t=1}^{336} Z_{2t}^2 = 120.76 \tag{4.13}$$

$$\sum_{t=1}^{336} X_{3t}^2 = \sum_{t=1}^{336} Z_{3t}^2 = 77.62 \tag{4.14}$$

となることから，$y(t)$ の 2 乗和は

$$\sum_{t=1}^{336} y(t)^2 = a_0^2 \sum_{t=1}^{336} X_{0t}^2 + \sum_{k=1}^{3}\left(a_k^2 \sum_{t=1}^{336} X_{kt}^2 + b_k^2 \sum_{t=1}^{336} Z_{kt}^2\right) \tag{4.15}$$

となる．一方，X_{0t}^*, X_{kt}, Z_{kt} $(k=1,2,3)$ はいずれも 336 ヶ月の周期をもつ変数なので，これらに関してピリオドグラム $P_{Xk}(j)$ を X_{kt} を用いて

$$P_{Xk}(j) = \frac{1}{168}\left|\sum_{t=1}^{336} X_{kt} \exp\left(-i2\pi \frac{j}{336} t\right)\right|^2 \quad (j=1,\ldots,168) \tag{4.16}$$

のように定義することができ，これにより X_{0t}^*, X_{kt}, Z_{kt} $(k=1,2,3)$ の周波数領域における特徴を調べることができる．Z_{kt} に対応する $P_{Zk}(j)$ も同様に定義する．このとき，$y(t)$ のピリオドグラム $P_y(j)$ は，$P_{Xk}(j) = P_{Zk}(j)$ $(j=1,2,3)$ となることを考慮すれば，

$$\begin{aligned}P_y(j) &= \frac{1}{168}\left|\sum_{t=1}^{336}\left\{a_0 X_{0t} + \sum_{k=1}^{3}(a_k X_{kt} + b_k Z_{kt})\right\}\exp\left(-i2\pi\frac{j}{336}t\right)\right|^2\\ &= a_0^2 P_{X0}(j) + \sum_{k=1}^{3}(a_i^2 + b_i^2) P_{Xk}(j)\end{aligned} \tag{4.17}$$

となり，$P_{Xk}(j)$ $(k=0,\ldots,3)$ の線形結合で表されることがわかる．よって，内部に7日の周期を含んでいる月次のフロー系列は，$P_{Xk}(j)$ $(k=0,\ldots,3)$ によって特徴付けられる周波数特性をもっている．図4.2に $P_{Xk}(j)$ $(k=0,\ldots,3)$ を示した．ただし，7日周期のパターンを表現するパラメータである a_k, b_k $(k=0,\ldots,3)$ の値はデータによって異なるため，それに応じて図4.2の四つの図のうちどのパターンが支配的になるかもデータにより異なる．しかしながら，(4.11) 式から (4.14) 式によると，曜日変動に対する寄与は $k=1$ の場合が特に大きいため，曜日効果を含んだデータのスペクトルは，多くの場合に $k=1$ において特徴的な 0.348 cycle/month および 0.432 cycle/month 付近でピークをもつことが予想される．この二つの周波数を曜日周波数と呼ぶことにする．

なお，P_{X0} は月の長さの違いによる変動を意味するが，その周期は閏年を無視すれば1年であり，季節性と重なる．それは図4.2の左上の図にみられる通

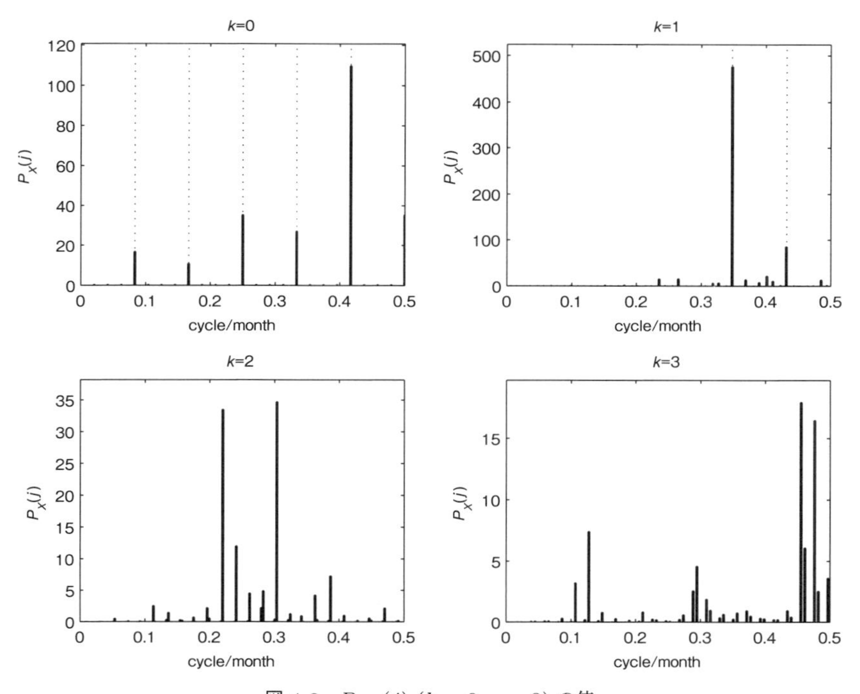

図 4.2　$P_{Xk}(j)$ $(k=0,\ldots,3)$ の値

り，$1/12 \fallingdotseq 0.083$ cycle/month とその整数倍のところにピークが存在することからも確認できる．したがって適切な方法で季節調整された系列を問題にする限り，X_{0t} の影響は季節調整のプロセスの中で同時に調整される．

4.2.2　回帰モデルによる曜日効果の推定

曜日効果は各曜日がそれぞれ異なる水準をもつことから生じるので，曜日の変動パターンが大きく変化しないという仮定の下で，月次のデータを各月に含まれるそれぞれの曜日の日数に回帰することにより各曜日の水準を推定することが考えられる．まず集計されたフローの月次時系列経済データは次のように表現することができる．

$$y(t) = \sum_{j=1}^{N_t} y_j(t) \tag{4.18}$$

$y(t)$ はデータの第 t 月における値で，$y_j(t)$ は第 t 月の j 番目の日の数値を表す．ここで N_t は第 t 月の日数である．これを変形し同一の曜日ごとにまとめると，

$$\begin{aligned} y(t) = &(y_1(t) + y_8(t) + \cdots + y_{29}(t)) \\ &+ (y_2(t) + y_9(t) + \cdots + y_{30}(t)) \\ &+ (y_3(t) + y_{10}(t) + \cdots + y_{31}(t)) \\ &\quad \vdots \\ &+ (y_7(t) + y_{14}(t) + \cdots + y_{28}(t)) \end{aligned} \tag{4.19}$$

ただしこれは $N_t = 31$ となる月の例である．i 曜日の平均値を $\overline{y}_i(t)$ $(i = 1, 2, \ldots, 7)$ とし，N_{it} を同月の i 曜日の日数とすると

$$y(t) = \sum_{i=1}^{7} N_{it}\overline{y}_i(t) \tag{4.20}$$

となる．さらに $\overline{y}_0(t) = \frac{1}{7}\sum_{i=1}^{7} \overline{y}_i(t)$ とすれば

$$y(t) = \sum_{i=1}^{6}(N_{it} - N_{7t})(\overline{y}_i(t) - \overline{y}_0(t)) + N_t\overline{y}_0(t) \tag{4.21}$$

という形に変形できる．$\overline{y}_0(t)$ はほぼ第 t 月の 1 日の平均の値を表していると考えられるので，(4.21) 式は $y(t)$ の変動を，曜日のずれによってもたらされる変

動 (右辺第 1 項) と 1 ヶ月の長さの変化によって生じる変動 (右辺第 2 項) とに分解したものと見なすことができる．第 1 項はゼロの周りで周期的に変化する成分であり，第 1 項は第 t 月のレベルを表現している．

一般の月次経済時系列は季節性やその他の周期変動などを含んでいるのが普通であり，月次集計のもととなる日次系列も季節的変動を有している．しかしここでは曜日効果のみを表現するモデルを考えるために，$y(t)$ が季節変動や周期変動をもたず，曜日のパターンも一定であるとの仮定を導入することにする．具体的には，$y_i(t)$ が各 i について t によらず一定であるとする．すると $\overline{y}_i(t)$ と $\overline{y}_0(t)$ はいずれも t によらない定数になるので，(4.21) 式の右辺第 1 項はカレンダーの周期と同じ 336 ヶ月の周期をもっていることがわかる．第 2 項は第 t 月の日数に比例した平均レベルを表すことになる．したがって「閏年効果」(leap year effect) も，この第 2 項に含まれる．

$\overline{y}_i(t)$ を時間 t に関して一定と見なした固定係数の曜日効果モデルが，Young (1965) によって提案されている．それは曜日のずれによる変動を表現する (4.21) 式の第 1 項だけを改めて曜日効果として定義しなおして $z(t)$ とし，$\overline{y}_i(t) - \overline{y}_0(t) = \eta_i$ と置いて

$$z(t) = \sum_{i=1}^{6}(N_{it} - N_{7t})\eta_i + e_t \tag{4.22}$$

なる線形回帰モデルの形式で曜日効果を表現するものである．ここで (4.21) 式の右辺第 2 項を除外する理由は，$N_t\overline{y}_0(t)$ が $y(t)$ の平均的なレベルと 1 ヶ月の日数の変化に伴う季節的変動からなる成分であるために，トレンド + 季節性 + 曜日効果という時系列の分解において，トレンドや季節性と区別できなくなるからである．したがって，この要素は季節調整やトレンドの抽出の過程の中で処理されることになる．またこのモデルにおいては，閏年効果も無視されていることに注意する必要がある．

曜日効果の推定は，与えられた原系列から何らかの方法によりトレンド成分と季節成分を除去した後の系列に対して (4.22) 式を適用すればよい．なお，$\overline{y}_i(t)$ がすべての i および t について同じ値を取るならば，明らかに 1 ヶ月に含まれる曜日の構成の変化による変動は存在しない．

4.2.3 周波数領域における曜日効果の特徴

曜日効果の調整の基本的なアイデアは，前節でみたような形で，データを 1 ヶ月に含まれる月曜日から日曜日までの日数に回帰することである．つまり (4.22) 式のような形のモデルで説明される変動を取り除くことで得られる系列を曜日効果調整済系列と見なすわけである．

McNulty and Huffman (1989) は月ごとの曜日の日数に基づいた，曜日効果の時間領域における表現に対応するピリオドグラムを導き，Cleveland and Devlin (1980) が求めた曜日周波数におけるピリオドグラムのピークとの関係を議論している．

曜日効果を表す月次系列を $y(t)$ とし，次のように表記する．

$$y(t) = \sum_{i=1}^{7} \gamma_i N_{it} \tag{4.23}$$

ここで N_{it} は t 月 i 曜日の日数で，γ_i はその曜日の活動水準を表す．$y(t)$ はすでにみたように 336 ヶ月の周期をもっている．ここで $N_{it}\,(i=1,2,\ldots,7)$ という各曜日の日数を表す変数は，同一のものが時間的にずれて並んでいるだけであるということに注意すれば，この中の任意の一つを用いて書きかえることができる．1 年で曜日は 1 日ずれるが，閏年を考慮すると 4 年で 5 日ずれる．したがって第 t 月の火曜日の日数を $N_{火\,t}$ とすれば，火曜日の 5 日前は木曜日なので，$N_{火\,t}$ はその 48 ヶ月前の月の木曜日の日数に等しい．したがって，$N_{火\,t} = N_{木\,t-48} = N_{土\,t-48\times 2} = N_{月\,t-48\times 3}$ という関係が成り立つ．第 t 月の水曜日の日数 $N_{水\,t}$ についても同様に考えれば，$N_{水\,t} = N_{月\,t-48\times 6}$ とすることができる．その他の曜日の日数も同じように考えて，過去の月曜日の日数で表現することを考えると，(4.23) 式は次のように書きなおすことができる．

$$\begin{aligned} y(t) = \gamma_1 N_{1t} &+ \gamma_2 N_{1t-48\times 3} + \gamma_3 N_{1t-48\times 6} + \gamma_4 N_{1t-48\times 2} \\ &+ \gamma_5 N_{1t-48\times 5} + \gamma_6 N_{1t-48} + \gamma_7 N_{1t-48\times 4} \end{aligned} \tag{4.24}$$

ただし N_{1t} を月曜日としている．項の順番を整えるために係数パラメータを $\delta_0=\gamma_1, \delta_1=\gamma_6, \delta_2=\gamma_4, \delta_3=\gamma_2, \delta_4=\gamma_7, \delta_5=\gamma_5, \delta_6=\gamma_3$ と置きなおせば，(4.24) 式は

$$y(t) = \sum_{s=0}^{6} \delta_s N_{1t-48s} \tag{4.25}$$

となる．(4.25) 式の意味するところは，$y(t)$ は $N_{it}\,(i=1,2,\ldots,7)$ で表される七つの系列のうちのどれか一つの系列に対してある線形フィルタをかけることで構成された系列であると見なせるということである．したがって y_t と N_{1t} のピリオドグラムをそれぞれ $P_y(j)$,$P_{N1}(j)$ とすれば，次のような関係が成り立っている．

$$P_y(j) = \left|\sum_{s=0}^{6} \delta_s \exp\left(-\frac{i2\pi sj}{7}\right)\right|^2 P_{N1}(j) \quad (j=1,\ldots,168) \tag{4.26}$$

これは図 4.2 に示された曜日効果の周波数領域での特徴を表す四つのパターンを合成した形になっており，いずれも同一の周波数においてピークをもっていることがわかる．つまり，図 4.2 で示された曜日効果に特徴的なピリオドグラムのいくつかのピークは，基本的には曜日の日数の周期性に由来しており，1 週間の曜日のパターンがそのピークの高さを決定しているということになる．以上より (4.26) 式右辺の前半の絶対値記号でくくられた部分は γ_i の値によって異なり，a_k と b_k の値に対応している．(4.23) 式で表される曜日効果を原データから差し引く操作が，曜日周波数である 0.348 cycle/month 付近でのデータのスペクトルを削ることに対応していることがわかる．

Chapter 5

時系列の分解と季節調整

本章では時系列データを直接観測されない要素に分解するための方法について議論する．季節調整の文脈では，第1章で述べたように，観測系列 O_t を

$$O_t = T_t + S_t + I_t \tag{5.1}$$

のように，統計的性質の異なる要素に分解することになる．

5.1 時系列の分解

一般に，個別の系列を集計した場合には情報のロスが生じるため，集計された後の系列のみを用いて分解を行う場合は，何らかの追加的な情報ないし制約条件を課すことなしには一意な分解はできない．このため，通常はどのような季節調整法においても何らかの形で恣意的な仮定や制約が導入されることになる．(5.1) 式の分解に関しては，トレンド成分 T_t，季節成分 S_t，不規則成分 I_t のそれぞれについて，各要素が識別されるための制約条件が加えられる．第1章では様々な季節調整プログラムについて簡単に触れたが，これらのプログラムにおける統計的手法の違いは，制約条件をどのような形で導入するかという点についての違いであると理解することもできる．

X-11 や X-12-ARIMA に代表されるノンパラメトリックな季節調整法では，詳しくは第7章で扱うが，単純な移動平均フィルタを組み合わせてヒューリスティックに構成される一連のフィルタによって時系列が分解される．これらのソフトウェアでは，移動平均フィルタの組み合わせに様々なオプションが用意されており，ユーザーが自身の判断によりフィルタの調整を行うことができるよう設計されている．X-11 や X-12-ARIMA は，世界各国の統計機関で広く用

いられる標準的な手法であると見なされているものの，理論的な観点からはいくつかの欠点が指摘されている．主な論点は，X-11 や X-12-ARIMA の一連のフィルタは，何らかの統計的基準により理論的に導出されたものではないため，結果の最適性が不明瞭であるといったものである．このような批判は，次に触れるパラメトリックな季節調整法に比べると，確かに当てはまると思われるが，これはある意味では分解に必要な仮定ないし制約条件を移動平均フィルタの構成の設定を通して導入していると考えることもできる．この観点からは，むしろ設定されたフィルタによって結果的に得られる各成分をトレンド T_t，季節性 S_t，不規則変動 I_t と定義していると解釈することができよう．

他方, パラメトリックな季節調整法の代表である TRAMO-SEATS や Decomp では，原系列または各成分のそれぞれが従う時系列モデルが明示的に仮定される．一般に，時系列データが観測され利用できる場合に，その系列が直接観測されない複数の成分に分解できると仮定して定式化されるモデルを UC モデル (unobserved components model) というが，TRAMO-SEATS や Decomp では UC モデルの特定や推定に用いられる様々な統計的手法が実装されている．TRAMO-SEATS や Decomp では，まず観測系列が従う時系列モデルを決定した後に，そのモデルの特性に基づいて，ある種の統計的基準を最適に満たす各成分の推定量という形でフィルタが導出される．したがって，X-11 や X-12-ARIMA と比較して，TRAMO-SEATS や Decomp による季節調整の統計的性質は明瞭であるといえる．しかしながら，これらのモデル型調整法では，モデルの仮定に恣意性がある点や，モデルの特定化に誤りが生じる可能性がある点に注意が必要である．

なお，TRAMO-SEATS と Decomp では，モデルの仮定の置き方に相違がある．TRAMO-SEATS では，まず原系列に対して 1 変量の時系列モデル (Reg-ARIMA モデル) が適用される．モデルの選択には標本自己相関関数や標本偏自己相関関数を利用したいわゆる Box–Jenkins の方法や，情報量規準を用いた方法が考えられる．モデルが特定されると，モデルを複数の ARIMA モデルに従う系列に分解する．このような分解は第 3 章で触れた和の定理の逆の計算であると考えることができるが，一意に分解を行うために追加的な仮定が置かれる．モデルの分解については第 8 章で触れる．いったんモデルの分解が行わ

表 5.1　フィルタによる分類

<table>
<tr><th>季節調整法</th><th colspan="2">フィルタのタイプ</th><th>主なフィルタ</th></tr>
<tr><td>X-12-ARIMA</td><td colspan="2">ノンパラメトリック
(移動平均型)</td><td>中心化移動平均フィルタ
ヘンダーソン移動平均フィルタ</td></tr>
<tr><td>TRAMO-SEATS</td><td rowspan="2">パラメトリック
(モデル型)</td><td>ARIMA モデル</td><td>WK フィルタ</td></tr>
<tr><td>Decomp</td><td>状態空間モデル</td><td>カルマンフィルタ</td></tr>
</table>

れると，それに基づいた最適なフィルタが構成され，各成分が推定される．このフィルタは WK フィルタと呼ばれる．WK フィルタについては本章で後述する．

それに対し，Decomp では時系列を構成するトレンド，季節性，不規則成分などの各成分に対して直接モデルを仮定する．このような方法は構造モデルと呼ばれる．各成分のモデルは先験的に導入されるため恣意性が残るが，成分の推定に後述するカルマンフィルタを用いることにより，非定常モデルも含む柔軟なモデルの導入が可能となっている．Decomp における各成分の推定は，トレンドや季節性といった成分が満たすべき条件を時系列モデルの形式で事前分布として与え，データが得られた後に事後分布を導出するという，ベイズ的なアプローチになっている点が大きな特徴である．Decomp のベースとなる状態空間モデルとカルマンフィルタについては本章で後述する．

以上の各手法の特徴の違いを表にすると，表 5.1 のようになる．

5.2　アドホックなフィルタ

以下では，フィルタのウェイトが，対象とするデータの従う時系列モデルから導かれるのではなく，分析者の知見に基づいてヒューリスティックに設定されるタイプのフィルタをいくつか概観する．ここでは経済データの分析や季節調整と関連の深い指数平滑化法，HP フィルタ，LOESS を取り上げる．

なお，X-11 や X-12-ARIMA で用いられるヘンダーソン (Henderson) 移動平均フィルタなどもこの中に入ると考えられるが，これについては第 6 章で詳しく述べる．

5.2.1　指数平滑化法

指数平滑化法は，観測値 $\{Y_t\}$ が利用できるときに，次のような式

$$X_t = \phi Y_t + (1-\phi)X_{t-1} \tag{5.2}$$

によって $\{X_t\}$ を求める方法である．$\{X_t\}$ は $\{Y_t\}$ を平滑化した系列になっている．また，ϕ は $0 < \phi < 1$ を満たす定数とする．初期値 X_0 が与えられると，(5.2) 式を繰り返し適用することにより $\{X_t\}$ を得ることができる．

5.2.2　HP (Hodorik–Prescot) フィルタ

HP (Hodorik–Prescot) フィルタはマクロ経済データのトレンドや循環変動の推定においてしばしば利用される方法である．

HP フィルタでは観測系列 $\{Y_t\}$ $(t = 1, \ldots, T)$ に対し，

$$S = \sum_{t=1}^{T}(Y_t - X_t)^2 + \lambda \sum_{t=2}^{T}(X_{t+1} - 2X_t + X_{t-1})^2 \tag{5.3}$$

を最小化する $\{X_t\}$ を求める．(5.3) 式の第 1 項は X_t と Y_t との距離を表し，第 2 項は $\{X_t\}$ の滑らかさを表している．第 2 項の 2 乗の中は X_t の 2 階差分を取った系列であるので，もし $\{X_t\}$ が直線上に並んでいるならば第 2 項は 0 となる．これらの 2 つの項は通常はトレードオフの関係にあり，一方を小さくすれば他方が増大することになる．λ は両者のバランスを取るパラメータで，平滑化パラメータと呼ばれる．$\{X_t\}$ は λ が大きい場合には滑らかになり，λ が小さい場合には観測系列に近い変動を示す．

S を最小化する $\{X_t\}$ は以下のようにして容易に求めることができる．まず

$$\boldsymbol{y} = \begin{pmatrix} Y_1 \\ Y_2 \\ \vdots \\ Y_T \end{pmatrix}, \quad \boldsymbol{x} = \begin{pmatrix} X_1 \\ X_2 \\ \vdots \\ X_T \end{pmatrix}$$

として，行列 D を

$$D = \begin{pmatrix} 1 & -2 & 1 & & & \\ & 1 & -2 & 1 & & \\ & & \ddots & \ddots & \ddots & \\ & & & 1 & -2 & 1 \end{pmatrix}$$

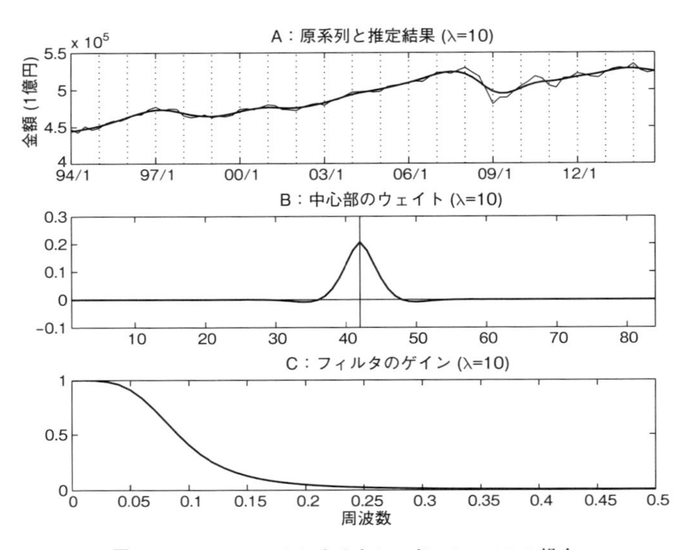

図 **5.1**　HP フィルタによるトレンド：$\lambda = 10$ の場合

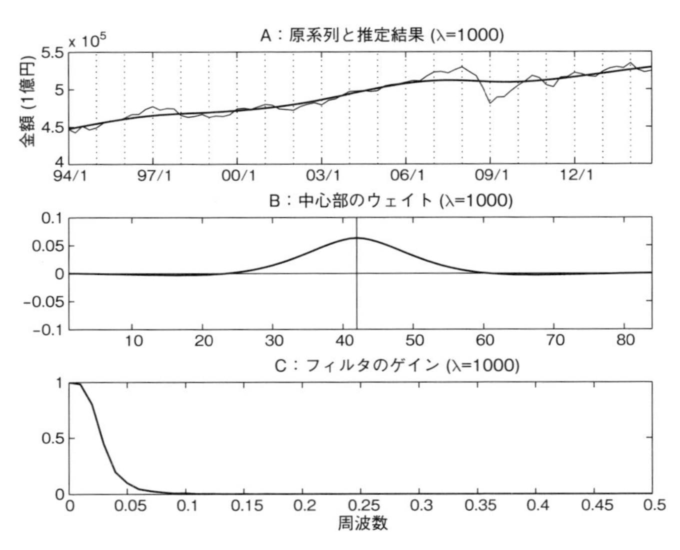

図 **5.2**　HP フィルタによるトレンド：$\lambda = 1000$ の場合

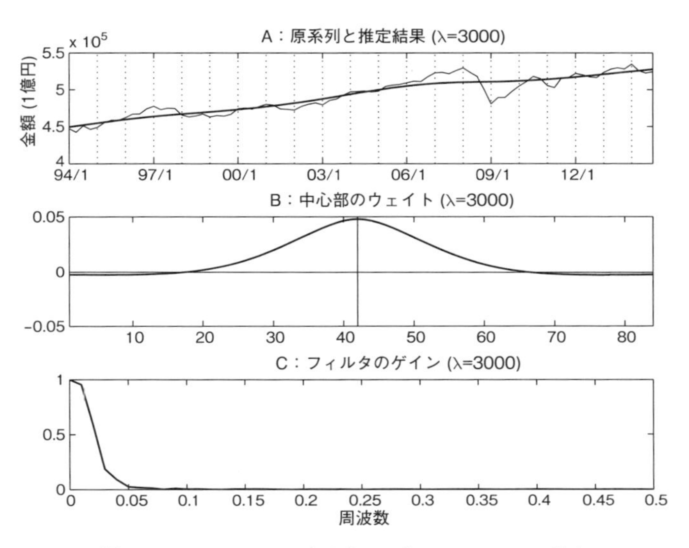

図 5.3 HP フィルタによるトレンド：λ = 3000 の場合

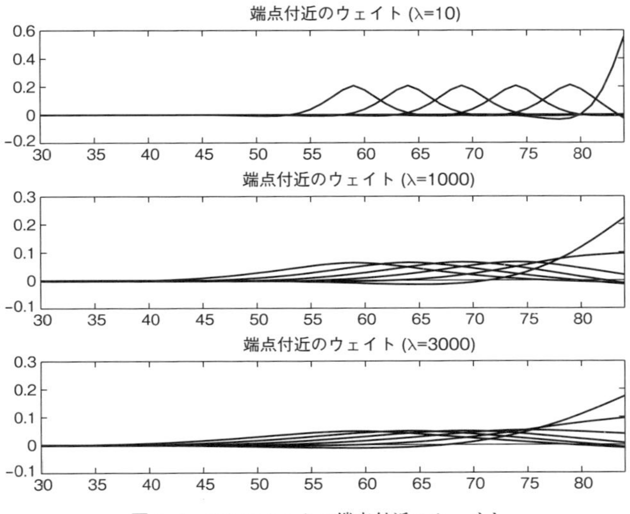

図 5.4 HP フィルタの端点付近のウェイト

という $(T-2)\times T$ 行列とすると，(5.3) 式は

$$S = (\boldsymbol{y}-\boldsymbol{x})'(\boldsymbol{y}-\boldsymbol{x}) + \lambda \boldsymbol{x}' D' D \boldsymbol{x}$$

と表すことができる．よって S を最小化する $\boldsymbol{x}$ は

$$\frac{\partial}{\partial \boldsymbol{x}} S = -2\boldsymbol{y} + 2\boldsymbol{x} + 2\lambda D' D \boldsymbol{x} = \boldsymbol{0}$$

より

$$\boldsymbol{x} = (I + \lambda D' D)\boldsymbol{y} \tag{5.4}$$

となる．(5.4) 式からわかる通り，X_t は Y_t に移動平均フィルタを適用した結果になっている．

図 5.1 から図 5.3 に四半期別季節調整済実質 GDP 系列に対し HP フィルタを適用した結果を示した．データの期間は 1994 年 1–3 月期から 2014 年 10–12 月期までで，λ は $10, 1000, 3000$ の各ケースについて計算した*1)．各図からわかるように，推定された系列は，λ が小さいほど原系列に近い変動を示している．中段の図はデータの中心付近での移動平均フィルタのウェイトを，下段の図は対応するフィルタのゲインをそれぞれ表している．これによると，λ が大きいほど長い周期の変動が抽出される様子がわかる．

なお，HP フィルタではデータの端点付近のフィルタのウェイトは自動的に調整される．図 5.4 に直近付近のウェイトを示した．

5.2.3 LOESS

LOESS (local regression) とは，ノンパラメトリック回帰の一つである局所多項式回帰を拡張した手法である．ノンパラメトリック回帰に分類される統計的手法は数多くあるが，LOESS は季節調整への応用が提案されている (STL : Cleveland *et al.* (1990)) ため，ここで LOESS の概要について説明する．STL については第 10 章を参照されたい．

局所多項式回帰とは，データ $\{X_j, Y_j\}$ $(j=1,\ldots,n)$ が利用可能であるときに，X と Y の関係を定式化する方法であるが，特に変数間の関係が非線形で通常の線形回帰などでは上手く扱えないようなデータに対して利用される．

---

*1) 四半期データの場合は $\lambda = 1600$ などとされるケースが多い．

局所多項式回帰では，X を説明変数，Y を被説明変数とし，両者の間に

$$Y = f(X) + \epsilon$$

のような関係があると考えられる場合に，関数 f を $X = x_0$ の付近で p 次の多項式

$$Y = \sum_{k=0}^{p} \alpha_k (X - x_0)^k$$

を用いて局所的に近似することを考える．係数 $\alpha_0, \ldots, \alpha_p$ の推定は

$$\sum_{i=1}^{n} W\left(\frac{X_j - x_0}{h}\right)\left\{Y_j - \sum_{k=0}^{p} \alpha_k (X_j - x_0)^k\right\}^2 \tag{5.5}$$

の最小化により行われる．ここで $W(u)$ は重み関数とし，h はバンド幅と呼ばれる非負の定数である．(5.5) 式を最小化する解を，x_0 の関数となることに注意して $\hat{\alpha}_1(x_0), \ldots, \hat{\alpha}_p(x_0)$ と表記すると，関数 f は $X = x_0$ の付近で

$$Y = \hat{\alpha}_0(x_0) + \hat{\alpha}_1(x_0)(X - x_0) + \cdots + \hat{\alpha}_p(x_0)(X - x_0)^p$$

と近似される．特に，$X = x_0$ である場合には，Y の予測量は $\hat{\alpha}_0(x_0)$ となる．重み関数 $W(u)$ は，通常は $u = 0$ の場合に最大値を取る非負の偶関数が用いられ，標準正規分布の確率密度関数などがよく用いられる．その他にも

$$W(u) = \begin{cases} (1 - |u|^3)^3 & (0 \leq u < 1) \\ 0 & (1 \leq u) \end{cases}$$

のような関数も利用される．バンド幅 h は，h が大きい場合にはウェイト間の差が小さくなり滑らかな推定結果が得られ，h が小さい場合には原データに近い変動をもつ推定結果が得られる．

LOESS は，このような局所多項式回帰に関し，X_j の分布にばらつきが存在する場合を考慮して，ウェイトの設定にさらに工夫を加えた方法である．LOESS では，x_0 の付近でデータが密に存在する場合には狭いバンド幅を取り，逆に x_0 の付近でデータが疎なら広いバンド幅を取るように考えられている．これによりデータが疎な領域において，推定が観測誤差に引きずられる度合いが軽減される．具体的には，説明変数となる $\{X_j\}$ $(j = 1, \ldots, n)$ のうち，推定値を求めようとする点 x_0 からみて q 番目に近いデータとの距離を $\lambda_q(x_0)$ として，

$$h_q(x_0) = \begin{cases} \lambda_q(x_0) & (q \le n) \\ \dfrac{q}{n}\lambda_n(x_0) & (n < q) \end{cases}$$

をバンド幅とする．q を調整パラメータとすると，$h_q(x_0)$ は q が大きいほど大きくなるが，同時に x_0 の周囲でのデータの散らばりによっても左右され，x_0 の周囲でデータが密であれば $h_q(x_0)$ は小さくなり，疎であれば大きくなる．局所多項式回帰のウェイトは，このような可変バンド幅 $h_q(x_0)$ を用いて

$$w_i(x_0) = W\left(\frac{|X_i - x_0|}{h_q(x_0)}\right) \tag{5.6}$$

とする．LOESS は

$$\sum_{i=1}^{n} w_i(x_0)\left\{Y_j - \sum_{k=0}^{p} \alpha_k (X_j - x_0)^k\right\}^2 \tag{5.7}$$

の最小化により求められる．

季節調整法 STL (seasonal-trend decomposition procedure based on LOESS) (Cleveland *et al.* (1990)) では，上記の LOESS 法をパラメータや重み関数の設定を変えつつ連続的にデータへ適用することで，時系列を段階的にトレンド成分，季節成分，不規則成分などの要素に分解する．様々なフィルタを繰り返し用いるプロセスは X-11 に類似しているが，STL で用いられるフィルタは LOESS に基づくものであるため，使用されるフィルタは一般に時変となり，また端点付近での非対称なフィルタのウェイトも (5.6) 式を最小化する計算の過程で自動的に決定される．

5.3 WK (Wiener–Kolmogorov) フィルタ

統計的な基礎に基づくフィルタ理論を初めて作り上げたのは，ウィーナー (Wiener (1949)) およびコロモゴルフ (Kolmogorov (1941)) であるといわれている．

定常な系列 $\{X_t\}$ が

$$X_t = S_t + N_t$$

のように，シグナル (S_t) とノイズ (N_t) の和となっているとする．シグナルと

ノイズはいずれも定常で，かつ互いに独立であるとする．このような系列について，$\{X_t\}$ のみが観察可能であり，X_t を利用して S_t を推定することがここでの問題である．

S_t の推定量を $\widehat{S}_t$ とするとき，$\widehat{S}_t$ を X_t の線形結合によって構成することを考える．すなわち，

$$\widehat{S}_t = \sum_{j=-\infty}^{\infty} \varphi_j X_{t-j} = \varphi(B) X_t$$

とする．これは時点 t からみて，過去だけではなく，将来にあたる観測値 $\{X_{t+1}, X_{t+2}, \ldots\}$ も用いて S_t を予測する形になっており，このような問題を平滑化 (スムージング) の問題と呼ぶ．また，S_t の推定量を

$$\widehat{S}_t = \sum_{j=0}^{\infty} \varphi_j X_{t-j} = \varphi(B) X_t$$

とする場合はフィルタリングの問題と呼ばれる．

以下では，平滑化問題について WK フィルタを導出する．フィルタリングの場合，移動平均フィルタが非対称にならざるを得ないため，導出の過程がやや複雑となる．フィルタリング問題に関する WK フィルタについては，例えば片山 (2000) を参照されたい．

5.3.1 フィルタの導出

ここでは最適なウェイトとして，平均二乗誤差

$$E\left[(S_t - \widehat{S}_t)^2\right] \tag{5.8}$$

を最小にするという意味で最適なウェイト $\{\varphi_j\}$ を導出する．

まず各系列は定常であるので，MA 表現を用いて

$$\begin{aligned} X_t &= \psi(B)\epsilon_t, \quad \epsilon_t \sim WN(0, \sigma^2) \\ S_t &= \psi_s(B)\epsilon_{s,t}, \quad \epsilon_{s,t} \sim WN(0, \sigma_s^2) \\ N_t &= \psi_n(B)\epsilon_{n,t}, \quad \epsilon_{n,t} \sim WN(0, \sigma_n^2) \end{aligned}$$

と表すことができる．ただし，$\psi(z), \psi_s(z), \psi_n(z)$ はいずれもすべての根が単位円周の外側にあるとする．

$\{\varphi_j\}$ が (5.8) 式を最小化するならば，$S_t - \widehat{S}_t$ はすべての k について X_k と直交しているはずなので，

$$Cov\left[S_t - \widehat{S}_t, X_{t-j}\right] = 0 \quad (j = 0, \pm 1, \pm 2, \ldots)$$

が満たされている．したがって，$j = 0, \pm 1, \pm 2, \ldots$ に対して

$$\begin{aligned}
Cov\left[S_t, X_{t-j}\right] &= Cov\left[\widehat{S}_t, X_{t-j}\right] \\
&= Cov\left[\sum_{k=-\infty}^{\infty} \varphi_k X_{t-k}, X_{t-j}\right] \\
&= \sum_{k=-\infty}^{\infty} \varphi_k Cov\left[X_{t-k}, X_{t-j}\right] \\
&= \sum_{k=-\infty}^{\infty} \varphi_k \gamma_{xx}(j-k)
\end{aligned}$$

となる．よって，X_t と S_t の相互共分散母関数 $G_{sx}(z)$ について

$$\begin{aligned}
G_{sx}(z) &= \sum_{j=-\infty}^{\infty} Cov\left[S_t, X_{t-j}\right] z^j \\
&= \sum_{j=-\infty}^{\infty} \left(\sum_{k=-\infty}^{\infty} \varphi_k \gamma_{xx}(j-k)\right) z^j \\
&= \sum_{k=-\infty}^{\infty} \varphi_k z^k \sum_{j=-\infty}^{\infty} \gamma_{xx}(j-k) z^{j-k} \\
&= \varphi(z) G_{xx}(z)
\end{aligned}$$

が成り立つ．したがって

$$\varphi(z) = \frac{G_{sx}(z)}{G_{xx}(z)}$$

となる．一方，S_t と N_t は独立なので，

$$\begin{aligned}
G_{sx}(z) &= \sum_{j=-\infty}^{\infty} \left(Cov\left[S_t, S_{t-j}\right] + Cov\left[N_t, S_{t-j}\right]\right) z^j \\
&= \sum_{j=-\infty}^{\infty} Cov\left[S_t, S_{t-j}\right] z^j \\
&= G_{ss}(z)
\end{aligned}$$

であり，以上より

$$\varphi(z) = \frac{G_{sx}(z)}{G_{xx}(z)} = \frac{G_{ss}(z)}{G_{xx}(z)} = \frac{\sigma_s^2}{\sigma^2}\frac{\psi_s(z)\psi_s(z^{-1})}{\psi(z)\psi(z^{-1})}$$

が得られる．よって平均二乗誤差を最小化する S_t の推定量は

$$\begin{aligned}\widehat{S}_t &= \varphi(B)X_t \\ &= \frac{G_{ss}(B)}{G_{xx}(B)}X_t \\ &= \frac{\sigma_s^2}{\sigma^2}\frac{\psi_s(B)\psi_s(B^{-1})}{\psi(B)\psi(B^{-1})}X_t\end{aligned}$$

となる．これは WK (Wiener–Kolmogorov) フィルタと呼ばれる対称な移動平均フィルタになっている．

反対に，ノイズ N_t の WK フィルタによる推定量は，同様の議論により $\widehat{N}_t = \frac{G_{nn}(B)}{G_{xx}(B)}X_t$ で与えられるが，N_t と S_t の独立性より

$$G_{xx}(z) = G_{ss}(z) + G_{nn}(z)$$

が成り立つことから

$$\widehat{N}_t = \frac{G_{xx}(B) - G_{ss}(B)}{G_{xx}(B)}X_t = (1 - \varphi(B))\,X_t$$

となる．

要素が ARMA モデルの場合

$\{X_t\}$ を構成するシグナル S_t とノイズ N_t がそれぞれ ARMA モデルに従うとする．すなわち

$$\begin{aligned}\phi_s(B)S_t &= \theta_s(B)u_t, \quad u_t \sim WN(0, \sigma_u^2) \\ \phi_n(B)N_t &= \theta_n(B)v_t, \quad v_t \sim WN(0, \sigma_v^2)\end{aligned}$$

とする．このとき，和の定理より X_t も ARMA モデルに従うので，X_t について

$$\phi(B)X_t = \theta(B)\epsilon_t, \quad \epsilon_t \sim WN(0, \sigma_\epsilon^2)$$

と表すことができる．このとき，自己共分散母関数は

$$\begin{aligned}G_{xx}(z) &= G_{ss}(z) + G_{nn}(z) \\ &= \sigma_u^2\frac{\theta_s(z)\theta_s(z^{-1})}{\phi_s(z)\phi_s(z^{-1})} + \sigma_v^2\frac{\theta_n(z)\theta_n(z^{-1})}{\phi_n(z)\phi_n(z^{-1})}\end{aligned}$$

$$= \frac{\sigma_u^2\theta_s(z)\theta_s(z^{-1})\phi_n(z)\phi_n(z^{-1}) + \sigma_v^2\theta_n(z)\theta_n(z^{-1})\phi_s(z)\phi_s(z^{-1})}{\phi_s(z)\phi_s(z^{-1})\phi_n(z)\phi_n(z^{-1})}$$

例 5.1 **AR(1) に従う状態変数に対する WK フィルタ** 系列 $\{X_t\}$ が次のような構造をもつとする．

$$\begin{cases} X_t = Y_t + u_t, & u_t \sim WN(0, \sigma_u^2) \\ Y_t = \phi Y_{t-1} + v_t, & v_t \sim WN(0, \sigma_v^2) \end{cases} \tag{5.9}$$

ただし u_t と v_t は互いに独立で，$0 < \phi < 1$ であるとする．X_t は観測可能な変数であるが，X_t は直接観測できない信号 Y_t とノイズ u_t から構成されている．

各変数の自己共分散母関数は

$$G_{yy}(z) = \frac{\sigma_v^2}{(1-\phi z^{-1})(1-\phi z)}, \quad G_{xx}(z) = G_{yy}(z) + \sigma_u^2$$

となるので，Y_t を推定するための WK フィルタは

$$\varphi(z) = \frac{G_{yy}(z)}{G_{xx}(z)} = \frac{\sigma_v^2}{\sigma_v^2 + \sigma_u^2(1-\phi z^{-1})(1-\phi z)} \tag{5.10}$$

によって与えられる．(5.10) 式の正準分解を得るためには

$$\sigma_v^2 + \sigma_u^2(1-\phi z^{-1})(1-\phi z) = 0 \tag{5.11}$$

の解を得る必要がある．$z \neq 0$ に注意すると，(5.11) 式は

$$z^2 - \left(\phi + \frac{1}{\phi} + \frac{1}{\theta\phi}\right) z + 1 = 0 \tag{5.12}$$

と変形できるので，1 つの解を β とすると，

$$\beta = \frac{1}{2}\left(\phi + \frac{1}{\phi} + \frac{1}{\theta\phi}\right) - \frac{1}{2}\sqrt{\left(\phi + \frac{1}{\phi} + \frac{1}{\theta\phi}\right)^2 - 4} \tag{5.13}$$

となり，もう 1 つの解は β^{-1} となる．ここで $\theta = \frac{\sigma_u^2}{\sigma_v^2}$ としている．これらの解を用いると，

$$\begin{aligned} \sigma_v^2 + \sigma_u^2(1-\phi z^{-1})(1-\phi z) &= -\phi\sigma_u^2 z^{-1}(z-\beta)(z-\beta^{-1}) \\ &= \phi\sigma_u^2\beta^{-1}(1-\beta z^{-1})(1-\beta z) \end{aligned}$$

となる．よって

$$\varphi(z) = \frac{\beta}{\phi\theta(1-\beta z^{-1})(1-\beta z)}$$

が得られる．もし $|\beta| < 1$ ならば，

$$\varphi(z) = \frac{\beta}{a\theta}\frac{1}{1-\beta^2}\left(\frac{\beta z}{1-\beta z} + \frac{1}{1-\beta z^{-1}}\right)$$

となるが，(5.12) 式より $\frac{\beta}{\phi\theta} = (\frac{1}{\phi}-\beta)(\phi-\beta)$ が成り立つので，$|\beta| < |z| < |\beta^{-1}|$ の範囲でテイラー展開により

$$\varphi(z) = \frac{(\frac{1}{a}-\beta)(a-\beta)}{1-\beta^2}\sum_{j=-\infty}^{\infty}\beta^{|j|}z^j$$

となる．以上より Y_t の推定量

$$\widehat{Y}_t = \frac{(\frac{1}{a}-\beta)(a-\beta)}{1-\beta^2}\sum_{j=-\infty}^{\infty}\beta^{|j|}B^jX_t \tag{5.14}$$

が得られる．ただし B^{-1} は $B^{-1}X_t = X_{t+1}$ となるフォワードシフトオペレータとなっている．(5.14) 式は中心から離れるにつれて指数的にウェイトが減少する対称な時不変移動平均フィルタとなっている．

5.3.2 非定常の場合の WK フィルタ

WK フィルタは一定の条件の下で非定常な状態変数に対しても平均二乗誤差を最小化する推定量となることが Bell (1984) などで示されている．ここでは詳細は省略し，例 5.1 の例に基づいて $\{Y_t\}$ が非定常の場合を確認しておく．

例 5.1 における (5.14) 式は $|\beta| < 1$ である場合に収束し意味のある推定量となる．β は (5.13) 式によって，Y_t の AR 係数 a とノイズとシグナルの分散の比である $\theta = \frac{\sigma_u^2}{\sigma_v^2}$ から決定されるが，Y_t が単位根をもつ場合 ($a = 1$) であっても，θ の値によっては $|\beta| < 1$ とすることができる．$a = 1$ の場合には，(5.14) 式は

$$\beta = \frac{1}{2}\left(2+\frac{1}{\theta}\right) \pm \sqrt{\left(2+\frac{1}{\theta}\right)^2 - 4}$$

となる．$|\beta| < 1$ となる θ に対して WK フィルタは収束し，

$$\widehat{Y}_t = \frac{(1-\beta)^2}{1-\beta^2}\sum_{j=-\infty}^{\infty}\beta^{|j|}B^jX_t$$

となる．

5.3.3 データ端点の推定

スムージング問題に対する，最小二乗誤差を最小にするという意味で最適な推定量が WK フィルタによって与えられることを確認したが，WK フィルタでは無限の過去から将来にわたる観測データが利用可能であることを仮定している．実際のデータに適用する場合にはこのような仮定は非現実的であり，何らかの修正を行う必要がある．ウィーナーらはフィルタリング問題に対する最適なフィルタも導出したが，実用上簡便な方法としては，原系列 $\{X_t\}$ が従う時系列モデルを利用して予測値を構成し，それをデータの前後に接続し系列を延長した上で対称な移動平均フィルタを適用する方法がある．X-12-ARIMA や TRAMO-SEATS ではそのような方法が取られている．

5.4 状態空間モデルによる状態の推定

状態空間モデルは，主に制御工学に関連する分野において発展してきた方法で，観測データが直接観測されない複数の要素から構成される状況を直接モデル化したものである．状態空間モデルは，システムの動的な特性を捉えるために，過去の情報とともにシステムの状態を捉えて効果的な分析を行うことを目的としている．特に，直接観測できない内部の状態を推定するための効率的なアルゴリズムを導出することができる点が大きな特長となっている．このアルゴリズムを利用すると，モデルの尤度を計算することもできる．

状態空間モデルは，ARIMA モデルを含む多くの時系列モデルを包含する一般的な表現となっているため，状態空間モデルに基づいて導出された様々な推定方法などは，本書で扱ってきた線形時系列モデルにも適用が可能である．したがって，幅広いクラスの時系列モデルに対する推定，予測，平滑化といった計算についての一般的な枠組みが，状態空間モデルによって与えられる．

5.4.1 状態空間モデル

状態空間モデルの一般形は次のようになる．

$$\boldsymbol{y}_t = F(\boldsymbol{x}_t, \boldsymbol{u}_t) \tag{5.15}$$

$$\boldsymbol{x}_t = G(\boldsymbol{x}_{t-1}, \boldsymbol{v}_t) \tag{5.16}$$

$\boldsymbol{y}_t$ は観測値ベクトル，$\boldsymbol{x}_t$ は状態変数ベクトルをそれぞれ表す．また，$\boldsymbol{u}_t$ および $\boldsymbol{v}_t$ は，それぞれ観測ノイズベクトルとシステムノイズベクトルである．(5.15) 式と (5.16) 式は，観測方程式，状態方程式と呼ばれ，それぞれの変数が従う分布がどのような性質をもつかを示している．(5.15) 式は，時点 t における観測値ベクトル $\boldsymbol{y}_t$ の分布が，同じ時点 t における状態変数ベクトル $\boldsymbol{x}_t$ のみに依存していることを表す．また，(5.16) 式は $\boldsymbol{x}_t$ がマルコフ性をもつ時系列であることを表している．このような二つの方程式によって定まる時系列モデルを状態空間モデルという．

状態空間モデルにおいて重要なのは，直接観測できない状態変数 $\boldsymbol{x}_t$ を，観測される系列 $\boldsymbol{y}_t$ に基づいて推定することである．確率的なシステムでは，通常は状態変数の値を完全に確定することはできないため，確率分布の形で求めることになる．すなわち，時点 t までの観測データを $Y_t = \{\boldsymbol{y}_t, \ldots, \boldsymbol{y}_1\}$ と表すとき，Y_t が得られた条件の下での状態変数 $\{\boldsymbol{x}_s\}$ $(1 \leq s)$ の条件付き分布

$$f(\boldsymbol{x}_s|Y_t)$$

を導出することが状態の推定ということになる．なお，s の値により，この問題はそれぞれ**フィルタリング** $(s = t)$，**予測** $(s > t)$，**平滑化** $(s < t)$ と呼ばれる．

これらの条件付き分布を導出する際には，(5.15) 式および (5.16) 式で表される状態空間モデルの特性を上手く利用することで，ベイズの定理などを用いた単純な計算による逐次的なアルゴリズムを導くことができる[*2)]．次の二つの計算が基本となる．

1 期先予測

$$\begin{aligned} f(\boldsymbol{x}_{t+1}|Y_t) &= \int f(\boldsymbol{x}_{t+1}, \boldsymbol{x}_t|Y_t)d\boldsymbol{x}_t \\ &= \int f(\boldsymbol{x}_{t+1}|\boldsymbol{x}_t, Y_t)f(\boldsymbol{x}_t|Y_t)d\boldsymbol{x}_t \\ &= \int f(\boldsymbol{x}_{t+1}|\boldsymbol{x}_t)f(\boldsymbol{x}_t|Y_t)d\boldsymbol{x}_t \end{aligned} \tag{5.17}$$

---

*2) 確率分布に関する演算により導出される逐次計算のアルゴリズムはシンプルなものであるが，実際のデータに適用する場合には具体的な統計モデルを設定する必要があり，特に変数間の関係が非線形であったり，誤差項が正規分布でないようなモデルについては，積分の計算が容易でない場合も少なくない．近年は，計算機の性能の向上を背景にして，様々な数値的解法やモンテカルロ法による推定方法が研究され，現実の問題への応用が進んでいる．

フィルタリング

$$
\begin{aligned}
f(\boldsymbol{x}_t|Y_t) &= f(\boldsymbol{x}_t|\boldsymbol{y}_t, Y_{t-1}) \\
&= \frac{f(\boldsymbol{x}_t, \boldsymbol{y}_t|Y_{t-1})}{f(\boldsymbol{y}_t|Y_{t-1})} \\
&= \frac{f(\boldsymbol{y}_t|\boldsymbol{x}_t, Y_{t-1})f(\boldsymbol{x}_t|Y_{t-1})}{\int f(\boldsymbol{y}_t|\boldsymbol{x}_t, Y_{t-1})f(\boldsymbol{x}_t|Y_{t-1})d\boldsymbol{x}_t} \\
&= \frac{F(\boldsymbol{y}_t|\boldsymbol{x}_t)f(\boldsymbol{x}_t|Y_{t-1})}{\int f(\boldsymbol{y}_t|\boldsymbol{x}_t)f(\boldsymbol{x}_t|Y_{t-1})d\boldsymbol{x}_t}
\end{aligned}
\tag{5.18}
$$

ここで，フィルタリング分布 $f(\boldsymbol{x}_t|Y_t)$ の右辺には1期前の時点における1期先予測分布 $f(\boldsymbol{x}_t|Y_{t-1})$ が，1期先予測分布 $f(\boldsymbol{x}_{t+1}|Y_t)$ の右辺には1期前の時点におけるフィルタリング分布 $f(\boldsymbol{x}_t|Y_t)$ がそれぞれ含まれていることに注意されたい．これらの計算を交互に繰り返すことにより，初期分布 $f(\boldsymbol{x}_0|Y_0)$ が与えられれば，

初期分布 $f(\boldsymbol{x}_0|Y_0)$

$\Downarrow$

1期先予測 $f(\boldsymbol{x}_1|Y_0)$

$\Downarrow$

新規観測値 $\boldsymbol{y}_1$ を加えてフィルタリング $f(\boldsymbol{x}_1|Y_1)$

$\Downarrow$

1期先予測 $f(\boldsymbol{x}_2|Y_1)$

$\Downarrow$

新規観測値 $\boldsymbol{y}_2$ を加えてフィルタリング $f(\boldsymbol{x}_2|Y_2)$

$\Downarrow$

$\vdots$

のように，観測値の取得と並行して状態変数の分布を更新してゆくことができる．

平滑化については，時点 t までの観測データが得られたという条件の下で，フィルタリング分布 $f(\boldsymbol{x}_t|Y_t)$ から逆に

$$
\begin{gathered}
f(\boldsymbol{x}_t|Y_t)\\
\Downarrow\\
f(\boldsymbol{x}_{t-1}|Y_t)\\
\Downarrow\\
f(\boldsymbol{x}_{t-2}|Y_t)\\
\Downarrow\\
\vdots
\end{gathered}
$$

のように逆算をしてゆく.

平滑化

$$
\begin{aligned}
f(\boldsymbol{x}_s|Y_t) &= \int f(\boldsymbol{x}_s, \boldsymbol{x}_{s+1}|Y_t)d\boldsymbol{x}_{s+1}\\
&= \int f(\boldsymbol{x}_s|\boldsymbol{x}_{s+1}, Y_t)f(\boldsymbol{x}_{s+1}|Y_t)d\boldsymbol{x}_{s+1}\\
&= \int f(\boldsymbol{x}_s|\boldsymbol{x}_{s+1}, Y_s)f(\boldsymbol{x}_{s+1}|Y_t)d\boldsymbol{x}_{s+1}\\
&= \int \frac{f(\boldsymbol{x}_s|Y_s)f(\boldsymbol{x}_{s+1}|\boldsymbol{x}_s)}{f(\boldsymbol{x}_{s+1}|Y_s)}f(\boldsymbol{x}_{s+1}|Y_t)d\boldsymbol{x}_{s+1}\\
&= f(\boldsymbol{x}_s|Y_s)\int \frac{f(\boldsymbol{x}_{s+1}|\boldsymbol{x}_s)f(\boldsymbol{x}_{s+1}|Y_t)}{f(\boldsymbol{x}_{s+1}|Y_s)}d\boldsymbol{x}_{s+1} \qquad (5.19)
\end{aligned}
$$

平滑化の計算は，1 期先予測とフィルタリングの繰り返しにより得られた結果を記録しておき，(5.19) 式を用いて $s = t-1, t-2, \ldots$ の順に繰り返し計算する．$s = t-1$ のときは

$$
f(\boldsymbol{x}_{t-1}|Y_t) = f(\boldsymbol{x}_{t-1}|Y_{t-1})\int \frac{G(\boldsymbol{x}_t|\boldsymbol{x}_{t-1})f(\boldsymbol{x}_t|Y_t)}{f(\boldsymbol{x}_t|Y_{t-1})}d\boldsymbol{x}_t
$$

となるが，右辺に含まれる $f(\boldsymbol{x}_{t-1}|Y_{t-1})$, $f(\boldsymbol{x}_t|Y_t)$, $f(\boldsymbol{x}_t|Y_{t-1})$ は計算済であり，$f(\boldsymbol{x}_t|\boldsymbol{x}_{t-1})$ は (5.16) 式によって定まるため，それらを用いて計算を実行することができる．次に $s = t-2$ のときは

$$
f(\boldsymbol{x}_{t-2}|Y_t) = f(\boldsymbol{x}_{t-2}|Y_{t-2})\int \frac{G(\boldsymbol{x}_{t-1}|\boldsymbol{x}_{t-2})f(\boldsymbol{x}_{t-1}|Y_t)}{f(\boldsymbol{x}_{t-1}|Y_{t-2})}d\boldsymbol{x}_{t-1} \qquad (5.20)
$$

となり，計算済か (5.16) 式によって与えられている分布の他に，$f(\boldsymbol{x}_{t-1}|Y_t)$ という条件付き分布が含まれているが，これは $s = t-1$ の場合の平滑化によっ

て得られているため，それを利用することで $f(\boldsymbol{x}_{t-2}|Y_t)$ を求めることができる．このような計算を $s=1$ まで繰り返すことにより，平滑化の場合の状態変数の分布が得られる．

5.4.2　尤度の計算

状態空間モデルは通常は複数の未知パラメータを含むので，実際のデータに適用する際にはモデルの特定化とともに未知パラメータを推定する必要がある．推定には通常は最尤法が用いられる．尤度関数は一般にパラメータの複雑な関数になるが，状態空間モデルの性質を利用すると，逐次的な計算の過程を利用して尤度を効率的に求めることができる．

データ $Y_t=\{\boldsymbol{y}_t,\ldots,\boldsymbol{y}_1\}$ が得られたときのモデルの尤度関数を $L(Y_t;\boldsymbol{\theta})$ とする．ただし $\boldsymbol{\theta}$ はパラメータのベクトルとする．このとき，

$$\begin{aligned}
L(Y_t;\boldsymbol{\theta}) &= f(\boldsymbol{y}_t|Y_{t-1})f(Y_{t-1})\\
&=\prod_{k=2}^{t} f(y_k|Y_{k-1})\\
&=\prod_{k=2}^{t}\int f(y_k,x_k|Y_{k-1})dx_k\\
&=\prod_{k=2}^{t}\int f(y_k|x_k,Y_{k-1})f(x_k|Y_{k-1})dx_k\\
&=\prod_{k=2}^{t}\int f(y_k|x_k)f(x_k|Y_{k-1})dx_k
\end{aligned}$$

となるので，尤度は観測値 y_k の条件付き分布と逐次計算から得られる 1 期先予測分布 $f(x_k|Y_{k-1})$ によって表される．

5.4.3　線形システム

実際に状態空間モデルを使用するためには，一般形である (5.15) 式および (5.16) 式の条件付き分布を特定化する必要がある．一般には，$\boldsymbol{y}_t$ と $\boldsymbol{x}_t$ の関係および $\boldsymbol{x}_t$ と $\boldsymbol{x}_{t-1}$ との関係や，条件付き分布の分布形には様々なものが考えられるが，もっとも基本的なモデルは次のような線形で，誤差項が多変量正規分布となるモデルである．

郵便はがき

料金受取人払郵便

牛込局承認

3119

差出有効期間
2016年
12月31日まで

切手を貼らずこのままお出し下さい

162-8790

東京都新宿区新小川町6-29
株式会社 朝倉書店
愛読者カード係 行

●本書をご購入ありがとうございます。今後の出版企画・編集案内などに活用させていただきますので，本書のご感想また小社出版物へのご意見などご記入下さい。

フリガナ お名前	男・女　年齢　歳
ご自宅	〒　電話
E-mailアドレス	
ご勤務先 学校名	(所属部署・学部)
同上所在地	
ご所属の学会・協会名	
ご購読新聞 ・朝日 ・毎日 ・読売 ・日経 ・その他(　)	ご購読雑誌(　)

書名　統計解析スタンダード　経済時系列と季節調整法　12858

本書を何によりお知りになりましたか

1．広告をみて（新聞・雑誌名　　　　　　　　　　　　　　）
2．弊社のご案内
（●図書目録●内容見本●宣伝はがき●E-mail●インターネット●他）
3．書評・紹介記事（　　　　　　　　　　　　　　　　　　）
4．知人の紹介
5．書店でみて

お買い求めの書店名（　　　　　　市・区　町・村　　　　　　書店）

本書についてのご意見

今後希望される企画・出版テーマについて

図書目録，案内等の送付を希望されますか？　・要　・不要
・図書目録を希望する

ご送付先　・ご自宅　・勤務先

E-mailでの新刊ご案内を希望されますか？
・希望する　・希望しない　・登録済み

医学統計学シリーズ・ラインナップ
(既刊10点　各A5判上製)

1. 統計学のセンス —デザインする視点・データを見る目—
丹後 俊郎 著
152頁　定価(本体3,200円+税) (12751-5)

2. 統計モデル入門
丹後 俊郎 著
256頁　定価(本体4,000円+税) (12752-2)

3. Cox比例ハザードモデル
中村　剛 著
144頁　定価(本体3,400円+税) (12753-9)

4. メタ・アナリシス入門 —エビデンスの統合をめざす統計手法—
丹後 俊郎 著
232頁　定価(本体4,000円+税) (12754-6)

5. 無作為化比較試験 —デザインと統計解析—
丹後 俊郎 著
216頁　定価(本体3,800円+税) (12755-3)

6. 医薬開発のための臨床試験の計画と解析
上坂 浩之 著
276頁　定価(本体4,800円+税) (12756-0)

7. 空間疫学への招待 —疾病地図と疾病集積性を中心として—
丹後 俊郎・横山 徹爾・髙橋 邦彦 著
240頁　定価(本体4,500円+税) (12757-7)

8. 統計解析の英語表現 —学会発表, 論文作成へ向けて—
丹後 俊郎・Taeko Becque 著
200頁　定価(本体3,400円+税) (12758-4)

9. ベイジアン統計解析の実際 —WinBUGSを利用して—
丹後 俊郎・Taeko Becque 著
276頁　定価(本体4,800円+税) (12759-1)

10. 経時的繰り返し測定デザイン —治療効果を評価する混合効果モデルとその周辺—
丹後 俊郎 著
260頁　定価(本体4,500円+税) (12880-2)

朝倉書店

統計書・新刊から

基礎からのベイズ統計学
―ハミルトニアンモンテカルロ法による
実践的入門―

豊田 秀樹 編著
A5判　248頁
定価（本体3,200円＋税）
(12212-1)

セミパラメトリック推測と経験過程
（統計ライブラリー）

久保木 久孝
鈴木　武 著
A5判　212頁
定価（本体3,700円＋税）
(12836-9)

意思決定の処方
（シリーズ〈行動計量の科学〉6）

竹村 和久
藤井　聡 著
A5判　200頁
定価（本体3,200円＋税）
(12826-0)

線形回帰分析
（統計ライブラリー）

蓑谷 千凰彦 著
A5判　360頁
定価（本体5,500円＋税）
(12834-5)

ライフスタイル改善の実践と評価
（統計ライブラリー）
―生活習慣病発症・重症化の予防に向けて―

山岡 和枝・安達 美佐・
渡辺 満利子・丹後 俊郎 著
A5判　232頁
定価（本体3,700円＋税）
(12835-2)

朝倉書店

〒162-8707
東京都新宿区新小川町 6-29
TEL：03-3260-7631
FAX：03-3260-0180
http://www.asakura.co.jp
e-mail：eigyo@asakura.co.jp
表示価格は 2015 年 12 月現在
ISBN は 978-4-254 を省略

医学統計学シリーズ

シリーズ編集者・丹後 俊郎
（医学統計学研究センター・所長）

基礎・臨床・公衆衛生から社会医学までの医学関連領域で必要とされる統計学的な考え方・統計手法を豊富な実例と共にわかりやすく解説した「信頼できかつ役に立つ」シリーズ

▼刊行のことば

統計学はみかけの変動を示すデータの中に埋没している本当の姿を把握するための重要な科学の一分野であり，その考え方は現実に直面しているさまざまな課題を解決するために必要な科学的思考である．ここ20年の間に，実際の問題解決をめざしたさまざまな新しい統計手法がコンピュータの進歩・普及とともに急速に進歩してきている．

本シリーズは基礎，臨床，公衆衛生から社会医学までの医学関連領域で必要とされる統計学的な考え方，統計手法を豊富な実例とともにわかりやすく解説した「信頼できかつ役に立つ」書物を提供することを目指している．しかし，「わかりやすく書いた」つもりの本が読者に「わかりやすい」と判断されるかどうかは別の問題である．読者の嗜好もいろいろであり，知識レベルもいろいろである．

一般に，日本人の書いた教科書，テキストは正確に書こうという意識が強すぎるのか，はたまたユーモアに欠けるのか，欧米の類書に比して面白味がなくかつ読みにくいという評判をよく聞く． 統計学も例外ではない．確率論から始まって，単回帰分析の初歩くらいまでをカバーしたほとんど同じ内容の，数式中心の単調な教科書のなんと多いことか． 専門書といえども所詮「読み物」であり， 小説， 随筆のような迫力と面白さがある方がいいに決まっている．それでいて内容は学問の進歩を充分に反映した新鮮で信頼できる専門書・実用書である．当然そこには著者の個性が強く光っていて，読みこなしていくうちに知らず知らず「はまって」いくのである． 本シリーズはそのような読み物を提供したい．

$$\boldsymbol{y}_t = F\boldsymbol{x}_t + \boldsymbol{u}_t, \quad \boldsymbol{u}_t \sim N(\boldsymbol{0}, \Omega_u) \tag{5.21}$$

$$\boldsymbol{x}_t = G\boldsymbol{x}_t + H\boldsymbol{v}_t, \quad \boldsymbol{v}_t \sim N(\boldsymbol{0}, \Omega_v) \tag{5.22}$$

F, G, H は係数行列で，$\boldsymbol{u}_t$ および $\boldsymbol{v}_t$ は多変量正規分布に従う確率変数で，互いに独立とする．(5.21) 式は観測方程式，(5.22) 式は状態方程式と呼ばれる．

この線形モデルの場合，(5.18) 式や (5.17) 式から得られる状態変数の条件付き分布はいずれも多変量正規分布となることが知られている．多変量正規分布は平均ベクトルと分散共分散行列により完全に特定されるので，条件付き分布の更新は平均ベクトルと分散共分散行列の更新により行われる．この計算手順を簡潔に整理したアルゴリズムはカルマンフィルタと呼ばれている．カルマンフィルタについては後述する．まずは線形なシステムの例をいくつか確認しておこう．

例 5.2 **AR モデル** p 次の自己回帰モデル AR(p)

$$X_t = \phi_1 X_{t-1} + \cdots + \phi_p X_{t-p} + u_t, \quad u_t \sim N(0, \sigma^2) \tag{5.23}$$

を考える．状態変数ベクトル $\boldsymbol{x}_t$ を

$$\boldsymbol{x}_t = \begin{pmatrix} X_t \\ X_{t-1} \\ \vdots \\ X_{t-p+1} \end{pmatrix}, \quad \boldsymbol{x}_{t-1} = \begin{pmatrix} X_{t-1} \\ X_{t-2} \\ \vdots \\ X_{t-p} \end{pmatrix}, \ldots \tag{5.24}$$

のように定める．観測ベクトル $\boldsymbol{y}_t$ と誤差ベクトル $\boldsymbol{u}_t$ をそれぞれ

$$\boldsymbol{y}_t = X_t, \quad \boldsymbol{u}_t = u_t$$

とすると，状態変数ベクトル $\boldsymbol{x}_t$ の第 1 番目の要素が観測されるデータ X_t であるから

$$F = \begin{pmatrix} 1 \\ 0 \\ \vdots \\ 0 \end{pmatrix}', \quad G = \begin{pmatrix} \phi_1 & \phi_2 & \cdots & \phi_p \\ 1 & 0 & \cdots & 0 \\ 0 & \ddots & 0 & \\ 0 & \cdots & 1 & 0 \end{pmatrix}, \quad H = \begin{pmatrix} 1 \\ 0 \\ \vdots \\ 0 \end{pmatrix}$$

として，AR(p) モデルは

$$\boldsymbol{y}_t = F\boldsymbol{x}_t \tag{5.25}$$

$$\boldsymbol{x}_t = G\boldsymbol{x}_{t-1} + H\boldsymbol{u}_t \tag{5.26}$$

と表現される．これは観測方程式に誤差が存在しないケースに相当する．

例 5.3 **MA モデル** MA(q) モデル

$$X_t = u_t + \theta_1 u_{t-1} + \cdots + \theta_q u_{t-q}, \quad u_t \sim N(0, \sigma^2) \tag{5.27}$$

を考える．状態変数ベクトル $\boldsymbol{x}_t$ を

$$\boldsymbol{x}_t = \begin{pmatrix} X_t \\ u_t \\ u_{t-1} \\ \vdots \\ u_{t-q} \end{pmatrix}$$

とし，観測ベクトル $\boldsymbol{y}_t$ と誤差ベクトル $\boldsymbol{u}_t$ をそれぞれ

$$\boldsymbol{y}_t = X_t, \quad \boldsymbol{u}_t = u_t$$

とする．係数行列を

$$F = \begin{pmatrix} 1 \\ 0 \\ \vdots \\ 0 \end{pmatrix}', \quad G = \begin{pmatrix} 0 & \theta_1 & \theta_2 & \cdots & \theta_q & 0 \\ 0 & 0 & \cdots & & & 0 \\ 0 & 1 & 0 & & & 0 \\ 0 & 0 & 1 & & & 0 \\ \vdots & & & & & \vdots \\ 0 & & & \cdots & 1 & 0 \end{pmatrix}, \quad H = \begin{pmatrix} 1 \\ 0 \\ \vdots \\ 0 \end{pmatrix}$$

とすると，AR モデルと同じく

$$\begin{aligned} \boldsymbol{y}_t &= F\boldsymbol{x}_t \\ \boldsymbol{x}_t &= G\boldsymbol{x}_{t-1} + H\boldsymbol{u}_t \end{aligned}$$

という表現を得る．

このように，一般に線形な時系列モデルは状態空間モデルにより統一的に扱うことができる．なお，状態空間表現は一意ではないことに注意されたい．

5.5 カルマンフィルタによる状態の推定

(5.21) 式および (5.22) 式から定まる線形で誤差が正規分布となる状態空間モデルについて，(5.15) 式，(5.16) 式を具体的に書き下したアルゴリズムはカルマンフィルタと呼ばれている．

時点 t までの観測データ $Y_t = \{\boldsymbol{y}_t, \ldots, \boldsymbol{y}_1\}$ が得られた条件の下での状態変数 $\boldsymbol{x}_s$ の条件付き分布 $f(\boldsymbol{x}_s|Y_t)$ は多変量正規分布になるので，その平均および分散共分散行列をそれぞれ $\hat{\boldsymbol{x}}_{s|t}$ および $V_{s|t}$ とすると

$$f(\boldsymbol{x}_s|Y_t) \propto \exp\left\{-\frac{1}{2}(\boldsymbol{x}_s - \hat{\boldsymbol{x}}_{s|t})' V_{s|t}^{-1} (\boldsymbol{x}_s - \hat{\boldsymbol{x}}_{s|t})\right\}$$

となる．ただし $\propto$ は比例を表す記号で，これを用いることにより煩雑になる定数部分を省略している．

フィルタリングと 1 期先予測は次のように求められる．途中の式変形は煩雑になるが，正則行列 A に関する次の逆行列補題

$$(A + BC)^{-1} = A^{-1} - A^{-1}B(I + CA^{-1}B)^{-1}CA^{-1}$$

を利用し，exp の中を $\boldsymbol{x}_t$ または $\boldsymbol{x}_{t+1}$ について平方完成することにより結果を得る．

フィルタリング

(5.18) 式より

$$\begin{aligned} f(\boldsymbol{x}_t|Y_t) &= \frac{F(\boldsymbol{y}_t|\boldsymbol{x}_t) f(\boldsymbol{x}_t|Y_{t-1})}{\int F(\boldsymbol{y}_t|\boldsymbol{x}_t) f(\boldsymbol{x}_t|Y_{t-1}) d\boldsymbol{x}_t} \\ &\propto \exp\left\{-\frac{1}{2}(\boldsymbol{y}_t - F\boldsymbol{x}_t)' \Omega_u^{-1} (\boldsymbol{y}_t - F\boldsymbol{x}_t)\right\} \\ &\quad \times \exp\left\{-\frac{1}{2}(\boldsymbol{x}_t - \hat{\boldsymbol{x}}_{t|t-1})' V_{t|t-1}^{-1} (\boldsymbol{x}_t - \hat{\boldsymbol{x}}_{t|t-1})\right\} \\ &\propto \exp\left\{-\frac{1}{2}(\boldsymbol{x}_t - P)' Q^{-1} (\boldsymbol{x}_t - P)\right\} \end{aligned}$$

と変形される．ただし

$$K = V_{t|t-1} F' (F V_{t|t-1} F' + \Omega_u)^{-1}$$

$$P = G\hat{\boldsymbol{x}}_{t|t-1} + K(\hat{\boldsymbol{y}}_t - F\hat{\boldsymbol{x}}_{t|t-1})$$
$$Q = (I - KF)V_{t|t-1}$$

とする．これより

$$K_t = V_{t|t-1}F'(FV_{t|t-1}F' + \Omega_u)^{-1} \tag{5.28}$$
$$\hat{\boldsymbol{x}}_{t|t} = \hat{\boldsymbol{x}}_{t|t-1} + K_t(\hat{\boldsymbol{y}}_t - F\hat{\boldsymbol{x}}_{t|t-1}) \tag{5.29}$$
$$V_{t|t} = (I - K_tF)V_{t|t-1} \tag{5.30}$$

となる．I は単位行列を表す．K_t はカルマンゲインと呼ばれる．(5.29) 式の $\hat{\boldsymbol{y}}_t - F\hat{\boldsymbol{x}}_{t|t-1}$ は観測値と予測値の差を示しており，いわゆる予測誤差に相当する．この量は時点に関しては無相関であることから，ここに含まれる情報は過去にはない本質的に新たなものであるという意味でイノベーションと呼ばれる．(5.30) 式はフィルタリングによって分散を小さくしようとするものである．

1 期先予測

(5.17) 式より

$$\begin{aligned} f(\boldsymbol{x}_{t+1}|Y_t) &= \int G(\boldsymbol{x}_{t+1}|\boldsymbol{x}_t)f(\boldsymbol{x}_t|Y_t)d\boldsymbol{x}_t \\ &\propto \int \exp\left\{-\frac{1}{2}(\boldsymbol{x}_{t+1} - G\boldsymbol{x}_t)'(H\Omega_v H')^{-1}(\boldsymbol{x}_{t+1} - G\boldsymbol{x}_t)\right\} \\ &\quad \times \exp\left\{-\frac{1}{2}(\boldsymbol{x}_t - \hat{\boldsymbol{x}}_{t|t})'V_{t|t}^{-1}(\boldsymbol{x}_t - \hat{\boldsymbol{x}}_{t|t})\right\}d\boldsymbol{x}_t \\ &\propto \exp\left\{-\frac{1}{2}(\boldsymbol{x}_{t+1} - P)'Q^{-1}(\boldsymbol{x}_{t+1} - P)\right\} \end{aligned}$$

ただし

$$P = G\hat{\boldsymbol{x}}_{t|t}$$
$$Q = H\Omega_v H' + GV_{t|t}G' \tag{5.31}$$

とする．これより

$$\hat{\boldsymbol{x}}_{t+1|t} = G\hat{\boldsymbol{x}}_{t|t} \tag{5.32}$$
$$V_{t+1|t} = H\Omega_v H' + GV_{t|t}G' \tag{5.33}$$

となる．

状態変数の 1 期先予測とフィルタリングの系列が得られると，それらを利用して平滑化を行うことができる．平滑化は次のような形になる．

平滑化

平滑化は (5.19) 式より

$$\hat{\boldsymbol{x}}_{s|t} = \hat{\boldsymbol{x}}_{s|s} + A_s\left(\hat{\boldsymbol{x}}_{s+1|t} - \hat{\boldsymbol{x}}_{s+1|s}\right) \tag{5.34}$$

$$V_{s|t} = V_{s|s} + A_s\left(V_{s+1|t} - V_{s+1|s}\right)A_s' \tag{5.35}$$

となる．ただし

$$A_s = V_{s|s}G'V_{s+1|s}^{-1} \tag{5.36}$$

とする．

以上のアルゴリズムを用いると，初期値 $\hat{\boldsymbol{y}}_{0|0}, V_{0|0}$ が与えられれば，逐次的な計算により状態の推定を効率的に実行できる．

WK フィルタは定常過程を対象としており，また観測値の個数が無限であることを前提としているのに対して，カルマンフィルタはこれらの条件が満たされない場合をも取り扱い得る一般的な推定法となっている．カルマンフィルタは WK フィルタフィルターの条件を満たすときには WK フィルタフィルタと一致することがわかっている．したがって，カルマンフィルタは WK フィルタを一般化したものといえる．

例 5.4 トレンドモデル　カルマンフィルタの例として次のような簡単なモデル

$$\begin{aligned} Y_t &= X_t + u_t, \quad u_t \sim N(0, \sigma_u^2) \\ X_t &= 2X_{t-1} - X_{t-2} + v_t, \quad v_t \sim N(0, \sigma_v^2) \end{aligned}$$

を考えよう．この場合は

$$\boldsymbol{y}_t = Y_t, \quad \boldsymbol{x}_t = \begin{pmatrix} X_t \\ X_{t-1} \end{pmatrix},$$

$$F = \begin{pmatrix} 1 \\ 0 \end{pmatrix}, \quad G = \begin{pmatrix} 2 & -1 \\ 1 & 0 \end{pmatrix}, \quad H = \begin{pmatrix} 1 \\ 0 \end{pmatrix}$$

として

$$\begin{aligned} \boldsymbol{y}_t &= F\boldsymbol{x}_t + u_t, \quad u_t \sim N(0, \sigma_u^2) \\ \boldsymbol{x}_t &= G\boldsymbol{x}_{t-1} + Hv_t, \quad v_t \sim N(0, \sigma_v^2) \end{aligned}$$

とすればよい．

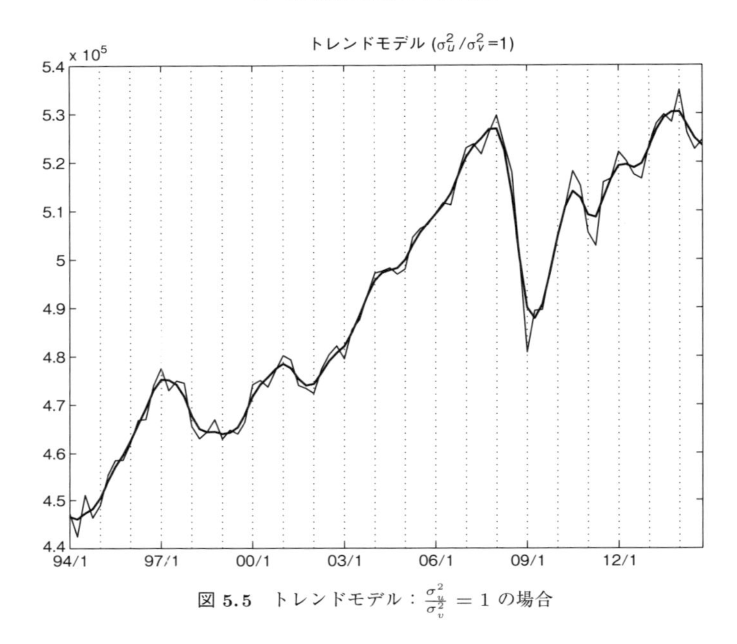

図 5.5　トレンドモデル：$\frac{\sigma_u^2}{\sigma_v^2}=1$ の場合

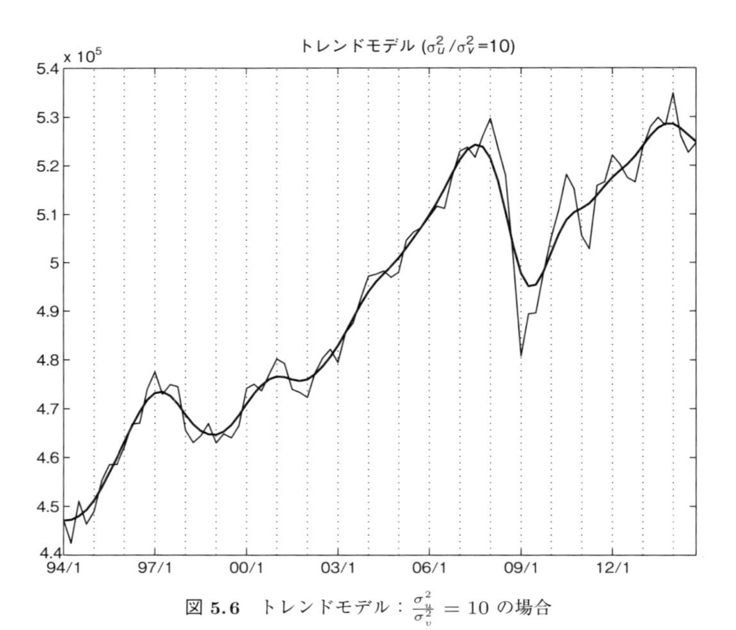

図 5.6　トレンドモデル：$\frac{\sigma_u^2}{\sigma_v^2}=10$ の場合

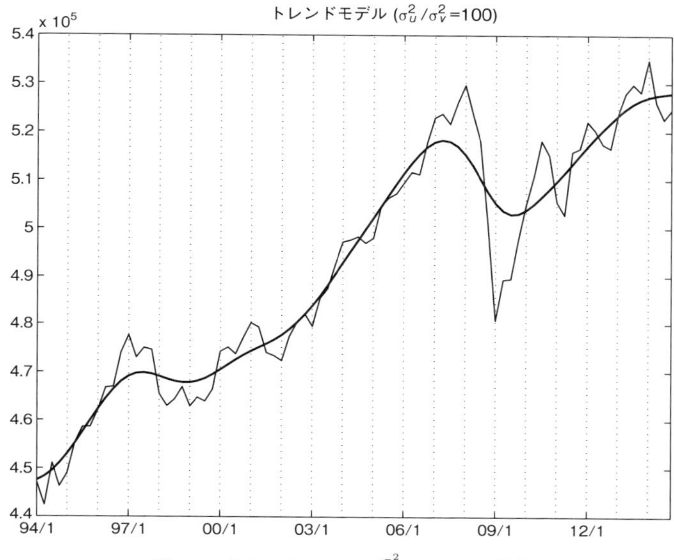

図 5.7 トレンドモデル：$\frac{\sigma_u^2}{\sigma_v^2} = 100$ の場合

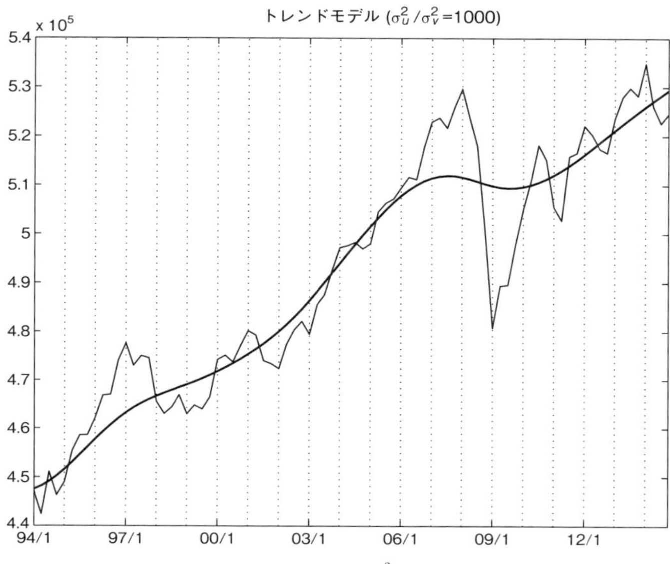

図 5.8 トレンドモデル：$\frac{\sigma_u^2}{\sigma_v^2} = 1000$ の場合

1994年1–3月期から2014年10–12月期までの四半期別季節調整済実質GDP系列に対しトレンドモデルを適用し，カルマンフィルタによる平滑化を行った結果を図5.5から図5.8に示した．ここでは観測誤差とシステム誤差の比 $\frac{\sigma_u^2}{\sigma_v^2}$ に対して4種類の値を設定した．$\frac{\sigma_u^2}{\sigma_v^2}$ が大きいと，状態変数は滑らかに推定される．結果はHPフィルタと類似しているが，カルマンフィルタを用いる場合は $\frac{\sigma_u^2}{\sigma_v^2}$ を最尤法により決定することもできる．

Chapter 6

X-11 法

現在日本の主要な官庁統計作成の現場でもっとも広く用いられている季節調整ソフトウェアは，米国商務省センサス局によって開発された X-12-ARIMA である．X-12-ARIMA は，いわゆる移動平均型季節調整法を実装した代表的なプログラムである．センサス局における季節調整法の研究およびソフトウェアの開発は 1950 年代から継続的に行われており，これまでに数度の改良・バージョンアップが行われている．その中で特に重要な更新は，X-11 (1965 年)，X-11-ARIMA (1988 年，カナダ統計局)，X-12-ARIMA (1998 年) である．このうち，移動平均フィルタに基づくセンサス局の季節調整の方法論は X-11 においておおむね確立されており，1970 年代以降は日本国内の官庁統計においても X-11 は多く利用されてきた．

本章では，まず X-11 法について説明する．センサス局などによる X-11 以降のプログラムの更新は，X-11 による処理を基本としつつ時系列モデルを補助的に用いることにより結果の精度や安定性を向上させることが中心となっている．そうした研究の成果である X-12-ARIMA については第 7 章で詳しく述べる．

6.1 X-11 の概要

センサス局法と総称される一連の季節調整法は，センサス局の Julius Shiskin を中心とするグループによって 1950 年代から研究が始められている．研究の目的は移動平均フィルタの連続的な適用によって時系列を適切に平滑化するための実用的な手順を確立することであったが，同時に当時利用可能となりつつあった電子計算機を用いて計算を行うことを前提として，当初からプログラムの開発が進められていた．この研究は 1954 年に完成したセンサス局 I 法として結実したが，その後も精力的に改良が続けられ，1965 年には X-11 が公開されている．X-11 は多くの種類の移動平均フィルタを，ユーザーが各自の判断で自由に組み合わせることによって，データへ柔軟に適用することが可能となっており，公開以来各国の統計において標準的な手法として広く採用されてきた．

X-11 法の最大の特徴は，比較的単純な複数の移動平均フィルタを利用して，原系列を段階的に各成分に分解するところにある．

6.2 X-11 で使用されるフィルタ

まず，移動平均フィルタの表記と性質について確認しておく．

移動平均フィルタはバックシフトオペレータ B の多項式として表記することが便利である．例えば，$2m+1$ 項の対称な移動平均フィルタは

$$\begin{aligned} U(B) &= w_{-m}B^{m} + w_{-m+1}B^{m-1} + \cdots + w_0 + \cdots + w_m B^{-m} \\ &= \sum_{j=-m}^{m} w_j B^{-j} \end{aligned}$$

と表記される．w_j は移動平均の各項のウェイトを表している．対称である場合はウェイトに関して

$$\sum_{j=-m}^{m} w_j = 1, \quad w_{-j} = w_j \quad (j = 1, \ldots, m)$$

が成り立っている．このフィルタを時系列 $\{Y_t\}$ に作用させると，

$$\begin{aligned} U(B)Y_t &= (w_{-m}B^{m} + w_{-m+1}B^{m-1} + \cdots + w_0 + \cdots + w_m B^{-m})Y_t \\ &= w_{-m}Y_{t-m} + w_{-m+1}Y_{t-(m-1)} + \cdots + w_0 Y_t + \cdots + w_m Y_{t+m} \\ &= \sum_{j=-m}^{m} w_j Y_{t+j} \end{aligned} \tag{6.1}$$

となる．

時系列データの平滑化において，必ずしもこのような対称なウェイトを利用しなければならないということはないが，対称フィルタが用いられる大きな理由の一つは，対称フィルタが線形トレンドを保存する性質をもつというところにある．簡単な例として，原系列 Y_t が

$$Y_t = \alpha + \beta t + u_t$$

のように，線形トレンドと誤差項 u_t の和となっているケースを考える．このような Y_t に対称なフィルタを適用すると，

$$\begin{aligned}\sum_{j=-m}^{m} w_j Y_{t+j} &= \sum_{j=-m}^{m} w_j \{\alpha + \beta(t+j) + u_{t+j}\} \\ &= \alpha \sum_{j=-m}^{m} w_j + \beta t \sum_{j=-m}^{m} w_j + \beta \sum_{j=-m}^{m} w_j j + \sum_{j=-m}^{m} w_j u_{t+j} \\ &= \alpha + \beta t + \sum_{j=-m}^{m} w_j u_{t+j}\end{aligned}$$

となる．したがって，このような移動平均によって，少なくとも局所的に線形に近いトレンドは大きな影響を受けず，その周囲でのランダムな変動は移動平均により軽減されることになる．

また，移動平均フィルタを複数適用する場合のウェイトも容易に計算できる．別のフィルタ

$$V(B) = \sum_{j=-n}^{n} v_j B^j$$

とするとき，$U(B)$ と $V(B)$ の積により新たなフィルタを構成することができる．

$$\begin{aligned}U(B)V(B) &= \left(\sum_{i=-m}^{m} w_i B^i\right)\left(\sum_{j=-n}^{n} v_j B^j\right) \\ &= \sum_{i=-m}^{m}\sum_{j=-n}^{n} w_i v_j B^{i+j}\end{aligned}$$

$r = m + n$ とすると，このようなフィルタは $2r+1$ 項の移動平均フィルタとなっている．

X-11では，原系列 Y_t がトレンド成分 T_t，季節成分 S_t，不規則変動 I_t 要素を用いて

$$Y_t = T_t + S_t + I_t \tag{6.2}$$

と表現されると仮定される．この仮定の下で，原系列 Y_t に対していくつかの種類の移動平均フィルタが複合的に適用され，直接観測されない各成分が算出される．

X-11で用いられる主な移動平均フィルタは以下の通りである．

- 中心化移動平均フィルタ
  - 2×4 移動平均フィルタ ($U_{2\times4}(B)$)
  - 2×12 移動平均フィルタ ($U_{2\times12}(B)$)
  - 3×3 移動平均フィルタ ($V_{3\times3}(B)$)
  - 3×5 移動平均フィルタ ($V_{3\times5}(B)$)
- ヘンダーソン移動平均フィルタ ($H(B)$)

このうち，2×4 移動平均フィルタ，2×12 移動平均フィルタおよびヘンダーソン移動平均フィルタはトレンド抽出に用いられ，3×3 移動平均フィルタおよび 3×5 移動平均フィルタは季節性の抽出に用いられる．中心化移動平均フィルタは単純な移動平均を複数回適用する操作に相当するが，ヘンダーソン移動平均フィルタはある種の基準を満たす最適なウェイトとして導出される．それぞれバックシフトオペレータ B の多項式として，U, V, H と表記することにする．これらのフィルタの詳細は 6.2.1 項以降で述べる．

6.2.1　トレンド抽出のための中心化移動平均フィルタ

移動平均は項数が奇数個である場合はそのまま適用することができるが，偶数個である場合は少し工夫が必要となる．次の二つのフィルタは季節性を除去し，トレンド的な成分を取り出すために使用される．

- 2×4 移動平均フィルタ

  2×4 移動平均フィルタは四半期系列のトレンドの推定に利用される．

$$U_{2\times4}(B) = \frac{1}{8}\left(B^{-2} + B^{-1}\right)\left(1 + B + B^2 + B^3\right)$$
$$= \frac{1}{8}\left(B^{-2} + 2B^{-1} + 2 + 2B^1 + B^2\right)$$

- 2×12 移動平均フィルタ

  2×12 移動平均フィルタは月次系列のトレンドの推定に利用される．

$$U_{2\times12}(B) = \frac{1}{24}\left(B^{-6} + B^{-5}\right)\left(1 + B + B^2 + \cdots + B^{11}\right)$$
$$= \frac{1}{24}\left(B^{-6} + 2B^{-5} + 2B^{-4} + \cdots + 2 + \cdots + 2B^5 + B^6\right) \quad (6.3)$$

これらのフィルタは，2 項からなるフィルタと 4 項または 12 項の，それぞれ非対称のフィルタを連続して適用した場合に相当する．フィルタの積は上記の

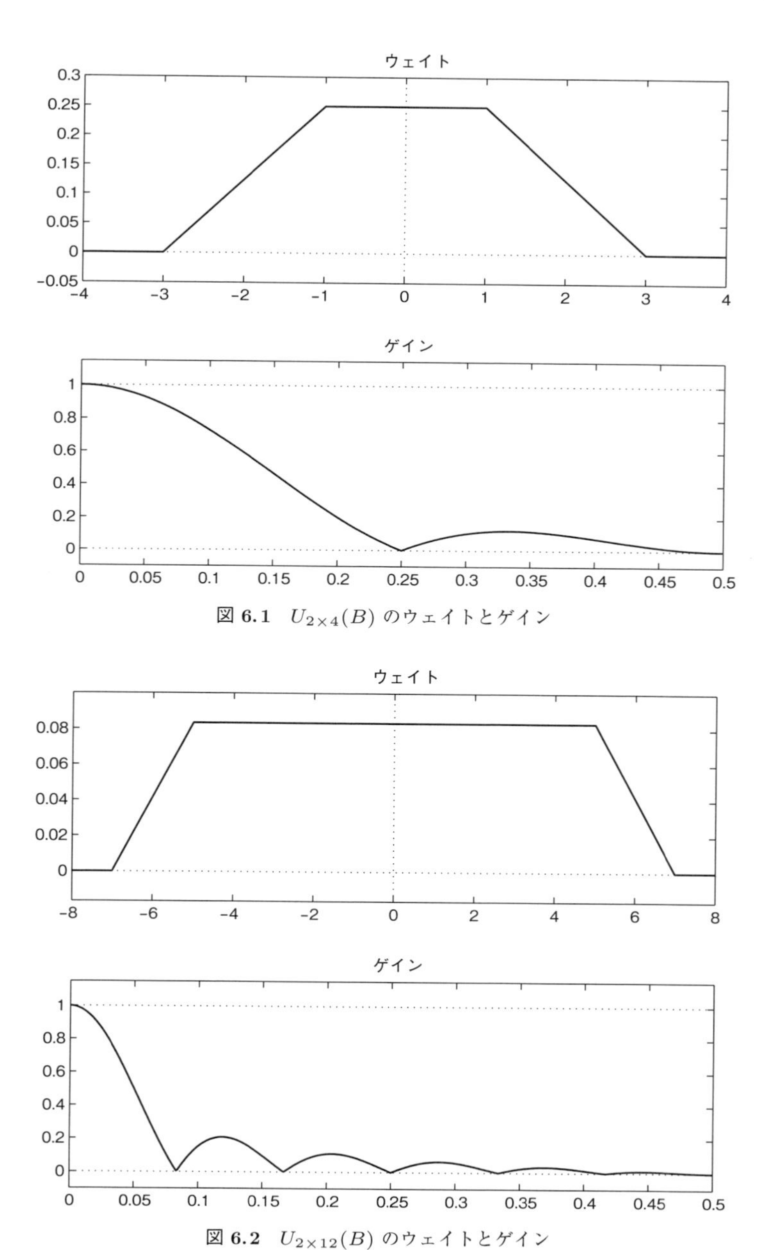

図 **6.1**　$U_{2\times 4}(B)$ のウェイトとゲイン

図 **6.2**　$U_{2\times 12}(B)$ のウェイトとゲイン

結果からわかる通り，いずれも左右対称なフィルタに帰着する．

時系列の季節周期は，四半期データの場合は 4 四半期，月次データの場合は 12 ヶ月であるので，それぞれ 4 項または 12 項の移動平均によって季節性は取り除かれると考えられるが，項数が偶数であり中心に該当する月がないため，上記の二つの移動平均フィルタでは，隣り合う二つの 4 項または 12 項の移動平均を平均することで該当する月を中心にした移動平均を構成している．二つのフィルタの積によりそれぞれ 1 項ずつ項数が増加し，5 項または 13 項の対称移動平均フィルタとなる．これらのフィルタのウェイトとゲインを図 6.1 および図 6.2 に示した．ゲインによると，$U_{2\times4}(B)$ については季節周波数 $\frac{1}{4}$ cycle/quarter，$U_{2\times12}(B)$ については季節周波数 $\frac{1}{12}$ cycle/month とその整数倍の成分をそれぞれ除去するフィルタとなっていることが確認できる．

6.2.2 季節性抽出のための中心化移動平均フィルタ

季節性を抽出するための中心化移動平均フィルタは以下の通りである．ここで s は季節周期で，四半期の場合は $s=4$，月次の場合は $s=12$ であるとする．

- 3×3 移動平均フィルタ

$$V_{3\times3}(B)=\frac{1}{9}\left(B^{-s}+1+B^{s}\right)\left(B^{-s}+1+B^{s}\right)$$

- 3×5 移動平均フィルタ

$$V_{3\times5}(B)=\frac{1}{15}\left(B^{-s}+1+B^{s}\right)\left(B^{-2s}+B^{-s}+1+B^{s}+B^{2s}\right)$$

- 3×9 移動平均フィルタ

$$V_{3\times9}(B)=\frac{1}{27}\left(B^{-s}+1+B^{s}\right)\left(B^{-4s}+B^{-3s}+\cdots+B^{3s}+B^{4s}\right)$$

これら三つのフィルタは，隣り合うデータではなく，季節周期だけ離れたサンプルデータに対して作用する加重平均になっていることに注意されたい．これらのフィルタを季節性を含んだ系列に対して適用すると，データが同期ごとに平均化され，季節変動のパターンが平滑化される．これらのフィルタのウェイトとゲインについて，四半期の場合を図 6.3 から図 6.5 に，月次の場合を図 6.6 から図 6.8 にそれぞれ示した．

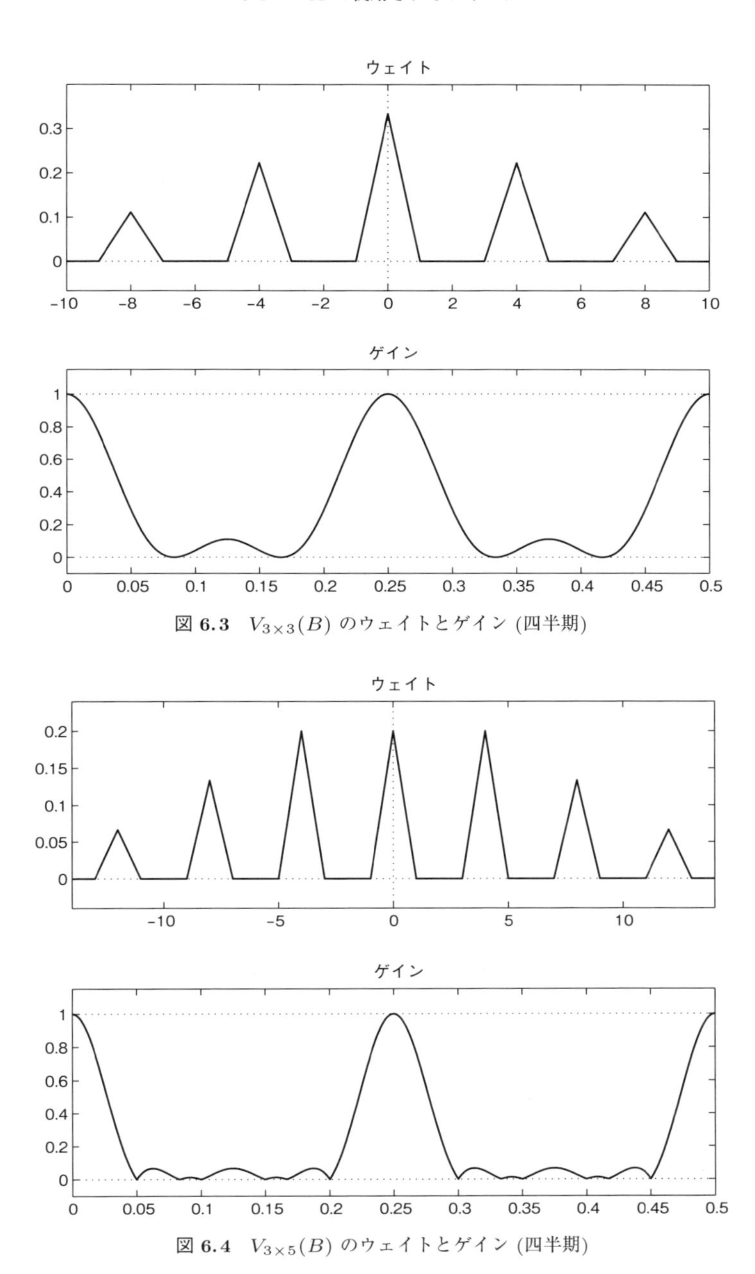

図 **6.3**　$V_{3\times3}(B)$ のウェイトとゲイン (四半期)

図 **6.4**　$V_{3\times5}(B)$ のウェイトとゲイン (四半期)

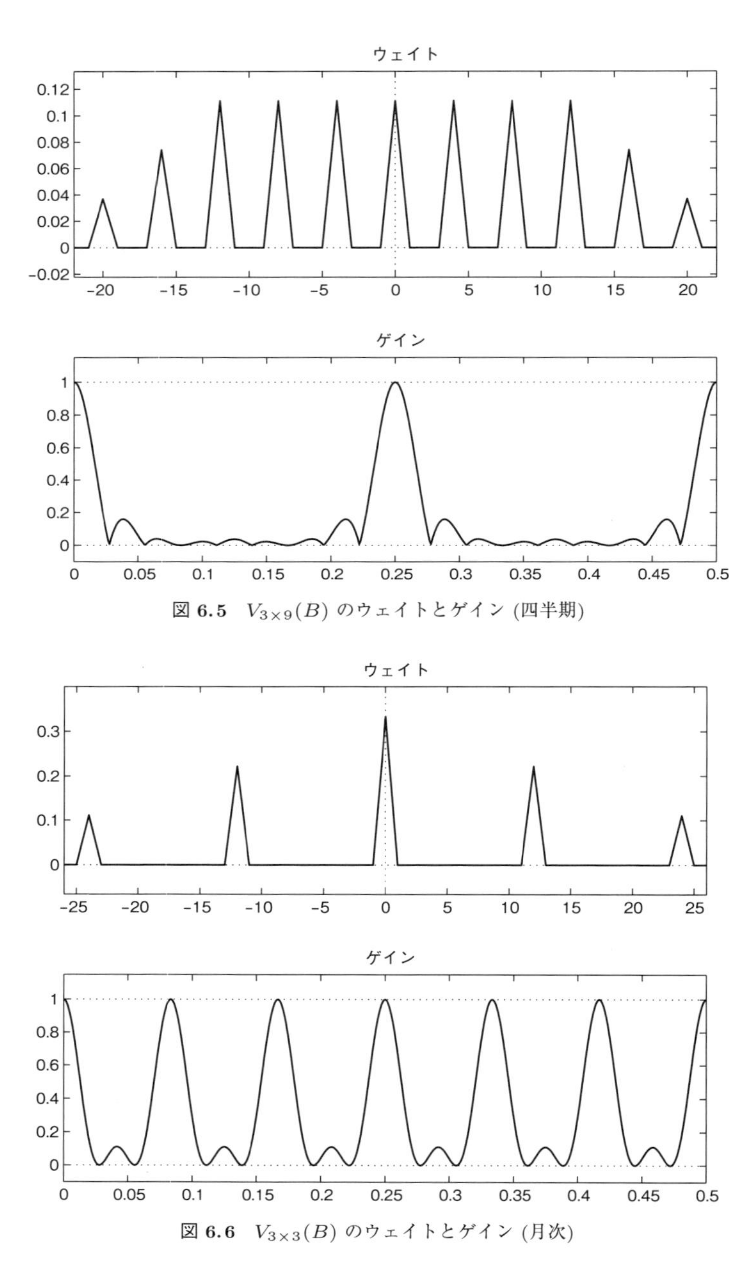

図 **6.5** $V_{3\times 9}(B)$ のウェイトとゲイン (四半期)

図 **6.6** $V_{3\times 3}(B)$ のウェイトとゲイン (月次)

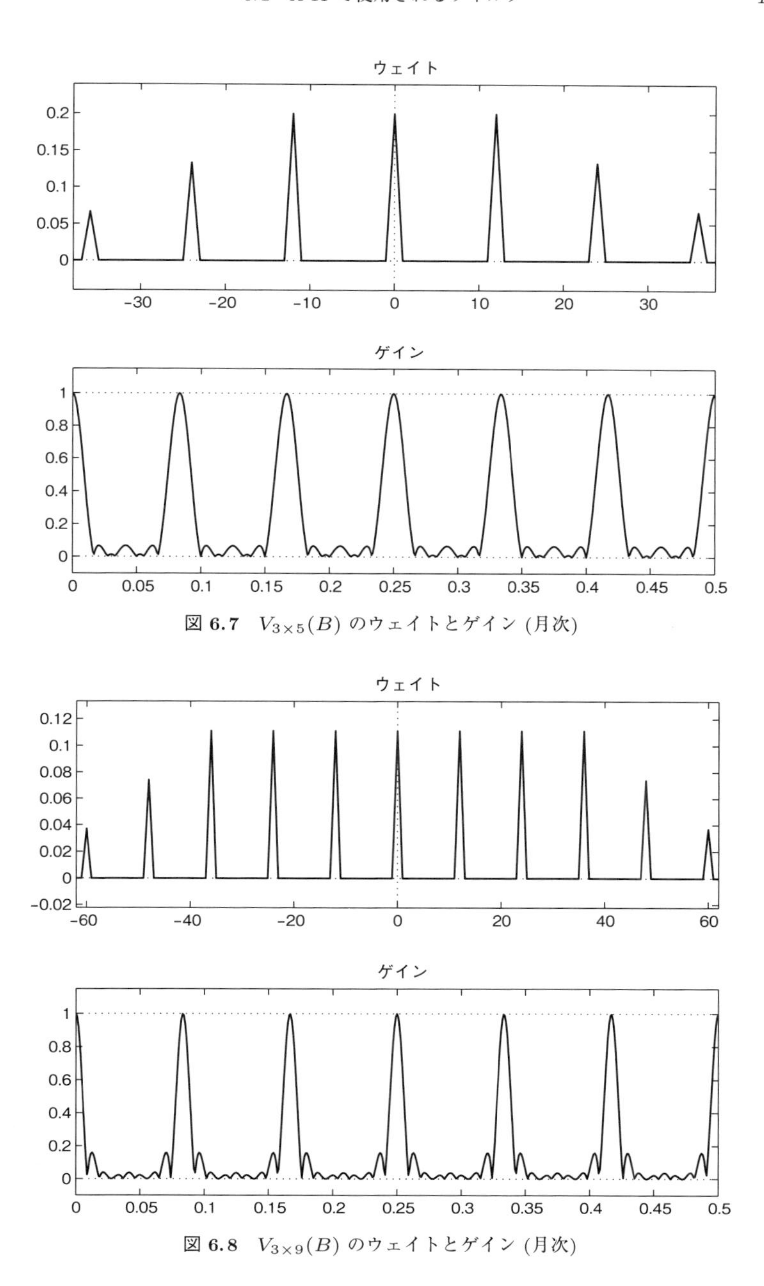

図 **6.7** $V_{3\times5}(B)$ のウェイトとゲイン (月次)

図 **6.8** $V_{3\times9}(B)$ のウェイトとゲイン (月次)

6.2.3 ヘンダーソン移動平均フィルタ

中心化移動平均ではウェイトの形状は天下り式に与えられたが，それとは異なり，推定しようとする系列の性質について一定の仮定を置いた上で，ある種の規準を最適に満たす解としてウェイトを導出する方法がある．そのような移動平均フィルタの一つがヘンダーソン移動平均フィルタである．トレンド成分の推定に多く用いられるヘンダーソン移動平均フィルタでは，データに対して次のようなモデルを想定する．

$$\begin{cases} Y_t = X_t + \epsilon_t, & \epsilon_t \sim N(0, \sigma^2) \\ X_t = \alpha_0 + \alpha_1 t + \alpha_2 t^2 \end{cases}$$

推定対象である X_t は 2 次曲線によって表されると仮定される．このときヘンダーソン移動平均フィルタは

$$\widehat{X}_t = \sum_{j=-n}^{n} w_j Y_{t+j}$$

という形の $2n+1$ 項移動平均フィルタとして定義される．ここでウェイト w_j は

$$\min_{w_{-n},\ldots,w_n} E\left[\{(1-B)^3 \widehat{X}_t\}^2\right] \;\; s.t. \;\; \sum_{j=-n}^{n} w_j X_{t+j} = X_t \tag{6.4}$$

という条件付き最適化問題の解として与えられる．制約条件 $\sum_{j=-n}^{n} w_j X_{t+j} = X_t$ は，このフィルタが X_t に対して影響を与えず，ノイズ ϵ_t に対してのみ作用することを要求している．X_t が 2 次曲線であることから $(1-B)^3 X_t = 0$ となることに注意し，目的関数を変形すると，

$$\begin{aligned} E\left[\{(1-B)^3 \widehat{X}_t\}^2\right] &= E\left[\{(1-B)^3 \sum_{j=-n}^{n} h_j (X_{t+j} + \epsilon_{t+j})\}^2\right] \\ &= E\left[\{(1-B)^3 (X_t + \sum_{j=-n}^{n} h_j \epsilon_{t+j})\}^2\right] \\ &= E\left[\{(1-B)^3 \sum_{j=-n}^{n} h_j \epsilon_{t+j}\}^2\right] \end{aligned}$$

$$= E\left[\left\{\sum_{j=-n}^{n+3}(h_j - 3h_{j-1} + 3h_{t-2} - h_{t-3})\epsilon_{t+j}\right\}^2\right]$$

$$= \sigma^2 \sum_{j=-n}^{n+3}(h_j - 3h_{j-1} + 3h_{t-2} - h_{t-3})^2$$

となる．ただし $h_j = 0\ (j = n \pm 1, n \pm 2, n \pm 3)$ としておく．

一方，制約条件については，

$$\sum_{j=-n}^{n} w_j X_{t+j} = \sum_{j=-n}^{n} w_j\{\alpha_0 + \alpha_1(t+j) + \alpha_2(t+j)^2\}$$

$$= \alpha_0 \sum_{j=-n}^{n} w_j + \alpha_1\left(t\sum_{j=-n}^{n} w_j + \sum_{j=-n}^{n} jw_j\right)$$

$$+ \alpha_2\left(t^2\sum_{j=-n}^{n} w_j + 2t\sum_{j=-n}^{n} jw_j + \sum_{j=-n}^{n} j^2 w_j\right)$$

$$= \alpha_0 + \alpha_1 t + \alpha_2 t^2$$

と変形できる．この条件が特定の $\alpha_0, \alpha_1, \alpha_2$ によらず成り立つためには，辺々の比較により

$$\sum_{j=-n}^{n} w_j = 1, \quad \sum_{j=-n}^{n} jw_j = 0, \quad \sum_{j=-n}^{n} j^2 w_j = 0$$

という三つの条件が導かれる．よって，以下のような行列

$$D = \begin{pmatrix} 1 & & & & & \\ -3 & 1 & & & & \\ 3 & -3 & 1 & & & \\ -1 & 3 & -3 & 1 & & \\ & -1 & 3 & -3 & \ddots & \\ & & -1 & 3 & \ddots & 1 \\ & & & -1 & \ddots & -3 \\ & & & & \ddots & 3 \\ & & & & & -1 \end{pmatrix}, \quad \boldsymbol{w} = \begin{pmatrix} w_{-n} \\ w_{-(n-1)} \\ \vdots \\ w_0 \\ \vdots \\ w_{n-1} \\ w_n \end{pmatrix}$$

$$M = \begin{pmatrix} 1 & 1 & \cdots & 1 & 1 \\ -n & -(n-1) & \cdots & n-1 & n \\ n^2 & (n-1)^2 & \cdots & (n-1)^2 & n^2 \end{pmatrix}, \quad \boldsymbol{b} = \begin{pmatrix} 1 \\ 0 \\ 0 \end{pmatrix}$$

を定義すると，(6.4) 式の最適化問題は

$$\min_{\boldsymbol{w}} \sigma^2 \boldsymbol{w}' D' D \boldsymbol{w} \ \ s.t. \ \ M\boldsymbol{w} = \boldsymbol{b} \tag{6.5}$$

と書きなおすことができる．D は $(2n+4) \times (2n+1)$ 行列，M は $3 \times (2n+1)$ 行列となっている．(6.5) 式は単純な 2 次計画問題として解くことができるが，ここではラグランジュ未定乗数法を用いることにする．制約条件が三つあるので，ラグランジュ乗数ベクトルを $\boldsymbol{\lambda} = (\lambda_1, \lambda_2, \lambda_3)'$ とし，

$$S = \sigma^2 \boldsymbol{w}' D' D \boldsymbol{w} - (M\boldsymbol{w} - \boldsymbol{b})' \boldsymbol{\lambda}$$

とすると，S を $\boldsymbol{w}$ および $\boldsymbol{\lambda}$ で偏微分することにより

$$2\sigma^2 D' D \boldsymbol{w} = M' \boldsymbol{\lambda}$$
$$M\boldsymbol{w} = \boldsymbol{b}$$

の 2 式が得られる．これらより

表 6.1 ヘンダーソン移動平均のウェイト

	5 項	7 項	9 項	13 項	15 項	23 項
−11						−0.0043
−10						−0.0109
−9						−0.0157
−8						−0.0145
−7					−0.0137	−0.0049
−6				−0.0193	−0.0245	0.0134
−5				−0.0279	−0.0141	0.0389
−4			−0.0407	0.0000	0.0240	0.0683
−3		−0.0587	−0.0099	0.0655	0.0829	0.0974
−2	−0.0734	0.0587	0.1185	0.1474	0.1459	0.1219
−1	0.2937	0.2937	0.2666	0.2143	0.1937	0.1383
0	**0.5594**	**0.4126**	**0.3311**	**0.2401**	**0.2115**	**0.1441**
1	0.2937	0.2937	0.2666	0.2143	0.1937	0.1383
2	−0.0734	0.0587	0.1185	0.1474	0.1459	0.1219
3		−0.0587	−0.0099	0.0655	0.0829	0.0974
4			−0.0407	0.0000	0.0240	0.0683
5				−0.0279	−0.0141	0.0389
6				−0.0193	−0.0245	0.0134
7					−0.0137	−0.0049
8						−0.0145
9						−0.0157
10						−0.0109
11						−0.0043

・太字はウェイトの中心を表す．

$$\boldsymbol{w} = (D'D)^{-1}M'\left\{M(D'D)^{-1}M'\right\}^{-1}\boldsymbol{b}$$

が得られる．表 6.1 にいくつかの項数に対するウェイトの値を示した．通常の処理の中では，2 段階目のトレンド抽出の際に 13 項のヘンダーソン移動平均フィルタが用いられる．図 6.9 から図 6.20 に様々な項数のヘンダーソン移動平均フィルタのウェイトとゲインを示した．

6.3 X-11 フィルタの構成

X-11 における基本的な手順では，ここまでに説明した各種の移動平均フィルタを複合的に用いて時系列の分解を行う．以下は月次データに対する操作の例である．

(1) $U_{2\times12}(B)$ を用いて，第 1 段階の暫定的なトレンド系列 $\widehat{T}_t^{(1)}$ を求め，それを原系列から除去した系列 $\widehat{SI}_t^{(1)}$ を算出する．

$$\widehat{T}_t^{(1)} = U_{2\times12}(B)Y_t$$
$$\widehat{SI}_t^{(1)} = Y_t - \widehat{T}_t^{(1)} = (1 - U_{2\times12}(B))\,Y_t$$

$(1 - U_{2\times12}(B))$ はトレンドを除去するフィルタになっている．

(2) $\widehat{SI}_t^{(1)}$ は季節成分と不規則成分の和であるので，$V_{3\times3}(B)$ により不規則成分を消し，再度トレンドを除去することにより第 1 段階の季節成分 $\widehat{S}_t^{(1)}$ を得る．

$$\widehat{S}_t^{(1)} = (1 - U_{2\times12}(B))V_{3\times3}(B)\widehat{SI}_t^{(1)}$$

(3) 原系列から $\widehat{S}_t^{(1)}$ を差し引くことにより，第 1 段階の季調済系列 $\widehat{A}_t^{(1)}$ を得る．

$$\widehat{A}_t^{(1)} = Y_t - \widehat{S}_t^{(1)}$$

(4) $\widehat{A}_t^{(1)}$ に 13 項ヘンダーソン移動平均を適用することで第 2 段階のトレンド $\widehat{T}_t^{(2)}$ を求め，それを原系列から除去した系列 $\widehat{N}_t^{(2)}$ を算出する．

$$\widehat{T}_t^{(2)} = H_{13}(B)\widehat{A}_t^{(1)}$$
$$\widehat{N}_t^{(2)} = Y_t - \widehat{T}_t^{(2)} = (1 - H_{13}(B))\,\widehat{A}_t^{(1)}$$

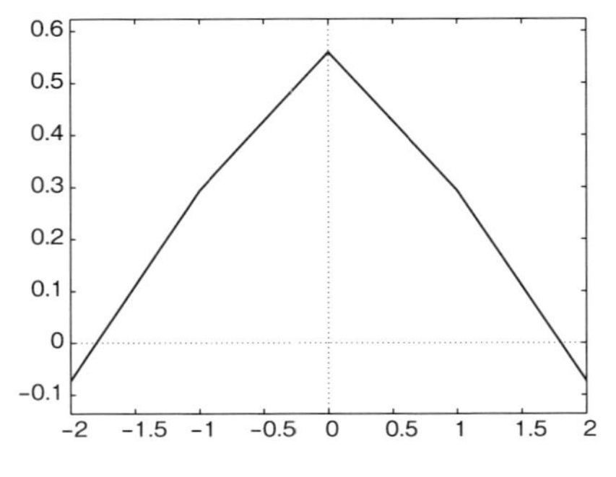

図 **6.9** ヘンダーソン移動平均 (5 項) のウェイト

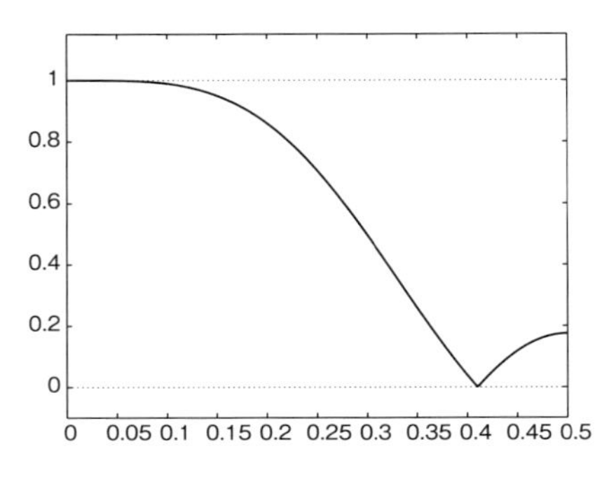

図 **6.10** ヘンダーソン移動平均 (5 項) のゲイン

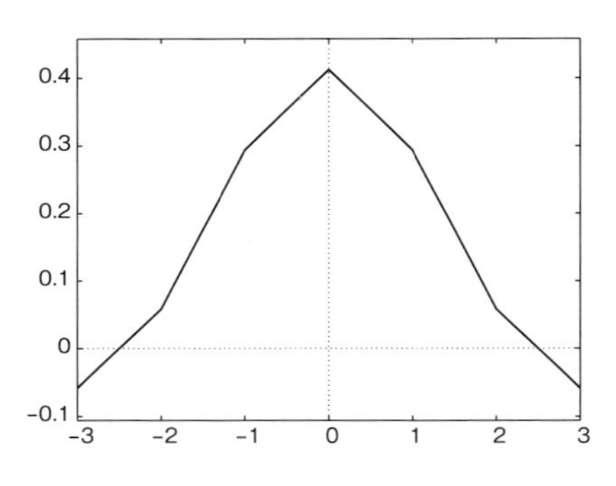

図 **6.11** ヘンダーソン移動平均 (7 項) のウェイト

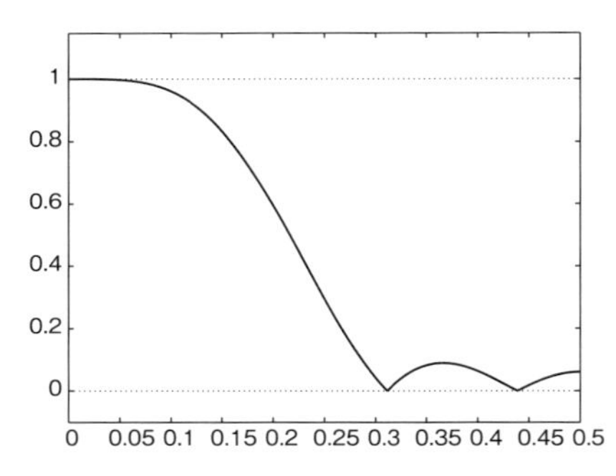

図 **6.12** ヘンダーソン移動平均 (7 項) のゲイン

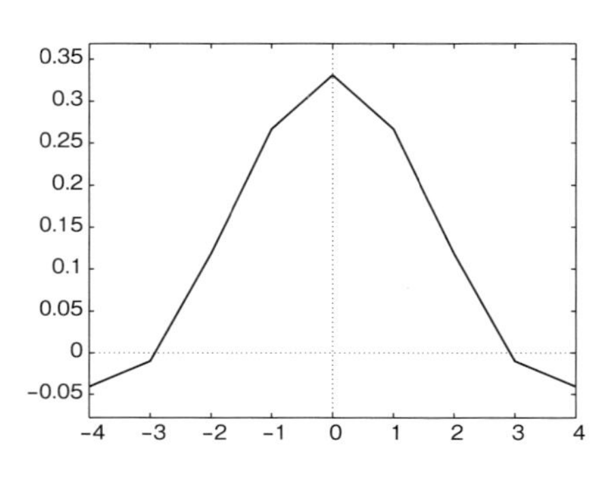

図 **6.13** ヘンダーソン移動平均 (9 項) のウェイト

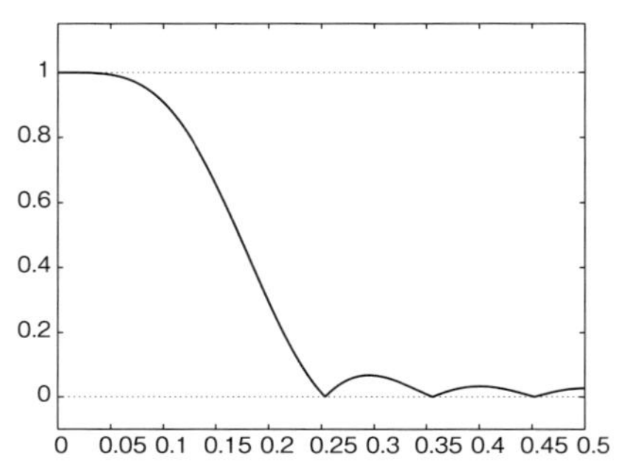

図 **6.14** ヘンダーソン移動平均 (9 項) のゲイン

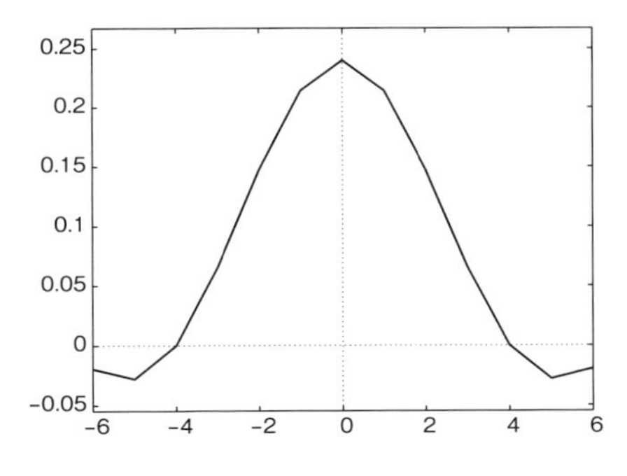

図 **6.15** ヘンダーソン移動平均 (13 項) のウェイト

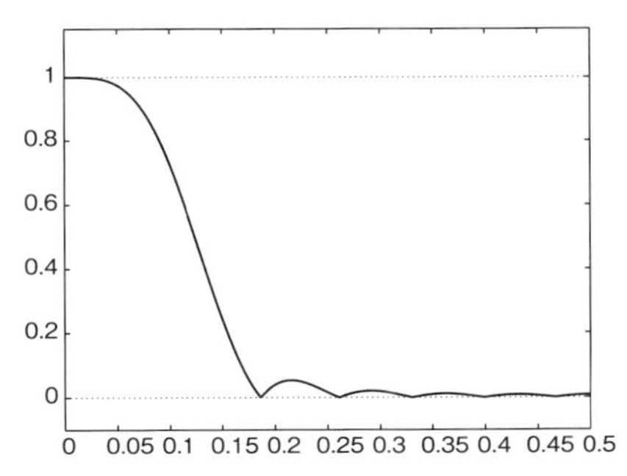

図 **6.16** ヘンダーソン移動平均 (13 項) のゲイン

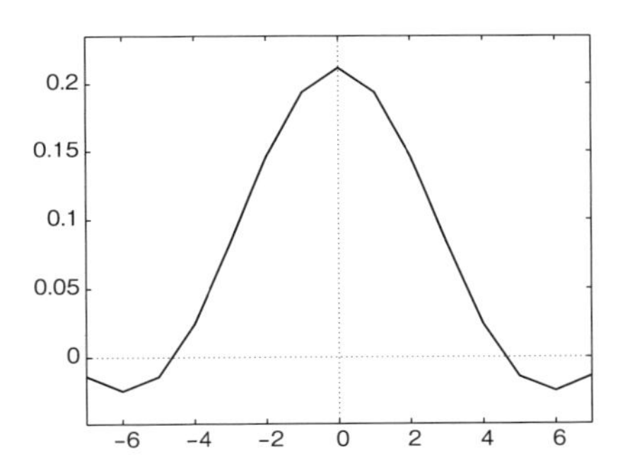

図 **6.17** ヘンダーソン移動平均 (15 項) のウェイト

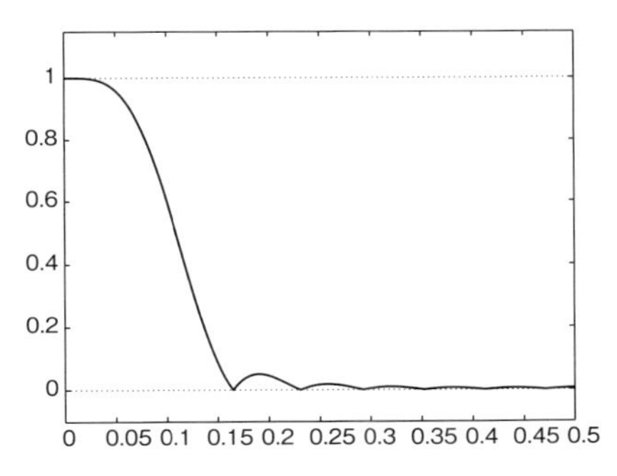

図 **6.18** ヘンダーソン移動平均 (15 項) のゲイン

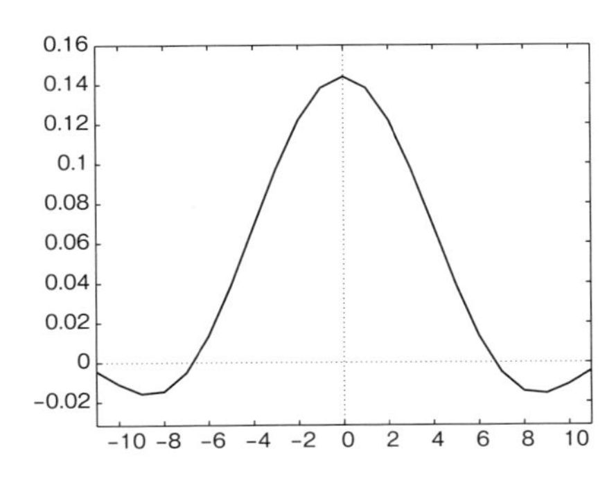

図 **6.19** ヘンダーソン移動平均 (23 項) のウェイト

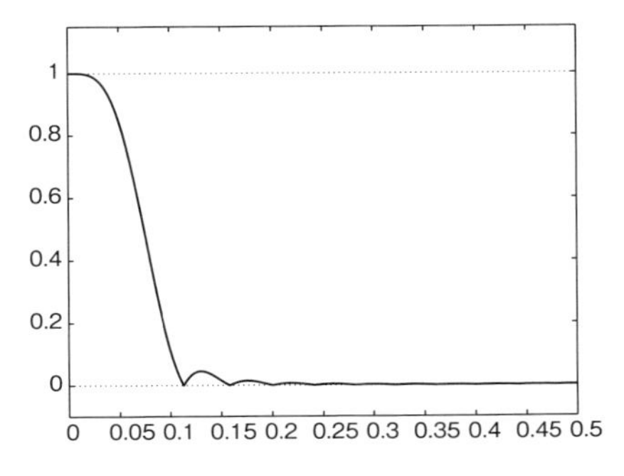

図 **6.20** ヘンダーソン移動平均 (23 項) のゲイン

(5) $V_{3\times5}(B)$ により不規則成分を消し，再度トレンドを除去することにより第 2 段階の季節成分 $\widehat{S}_t^{(2)}$ を得る．

$$\widehat{S}_t^{(2)} = (1 - U_{2\times12}(B))V_{3\times5}(B)\widehat{N}_t^{(2)}$$

(6) 原系列から $\widehat{S}_t^{(2)}$ を差し引くことより，第 2 段階の季調済系列 $\widehat{A}_t^{(2)}$ を得る．

$$\widehat{A}_t^{(2)} = Y_t - \widehat{S}_t^{(2)}$$

以上のように，各段階で異なるフィルタを使用しながら段階的に時系列を各要素に分解する方法が X-11 フィルタである．系列が四半期の場合は，デフォルトの設定においては，$U_{2\times12}(B)$ が $U_{2\times4}(B)$ に，$H_{13}(B)$ が $H_5(B)$ にそれぞれ変更される．各段階におけるフィルタの項数や全体の適用回数などは，ユーザーが独自に設定することができる．例えば，第 2 段階で用いられる $V_{3\times5}(B)$ は，ユーザーが $V_{3\times3}(B)$ や $V_{3\times9}(B)$ に変更することもできる．

さらに，外れ値や曜日変動などの処理を含める場合もあるため，実際の処理はより複雑なものとなる．

最後に，デフォルト設定の X-11 フィルタの性質を確認しておこう．第 1 段階の季調済系列 $\widehat{A}_t^{(1)}$ を求めるフィルタを $W_A^{(1)}(B)$ とすると，上記の手順より

$$W_A^{(1)}(B) = 1 - (1 - U_{2\times12}(B))V_{3\times3}(B)\,(1 - U_{2\times12}(B))$$

となる．$W_A^{(1)}(B)$ は

$$\widehat{A}_t^{(1)} = W_A^{(1)}(B)Y_t$$

を満たしている．各成分の第 2 段階の推定値を与えるフィルタは

$$\begin{aligned}
W_T(B) &= H(B)W_A^{(1)}(B) \\
W_S(B) &= (1 - U_{2\times12}(B))V_{3\times5}(B)\,(1 - W_T(B)) \\
W_A(B) &= 1 - W_S(B) \\
W_I(B) &= 1 - W_T(B) - W_S(B)
\end{aligned}$$

となる．このうち $W_A(B)$ のウェイトとゲインを図 6.21 から図 6.26 に示した．四半期の場合と月次の場合の両方について，第 2 段階の季節性抽出を $V_{3\times3}(B)$，$V_{3\times5}(B)$，$V_{3\times9}(B)$ に変更した各ケースで，フィルタのウェイトとゲインを示した．

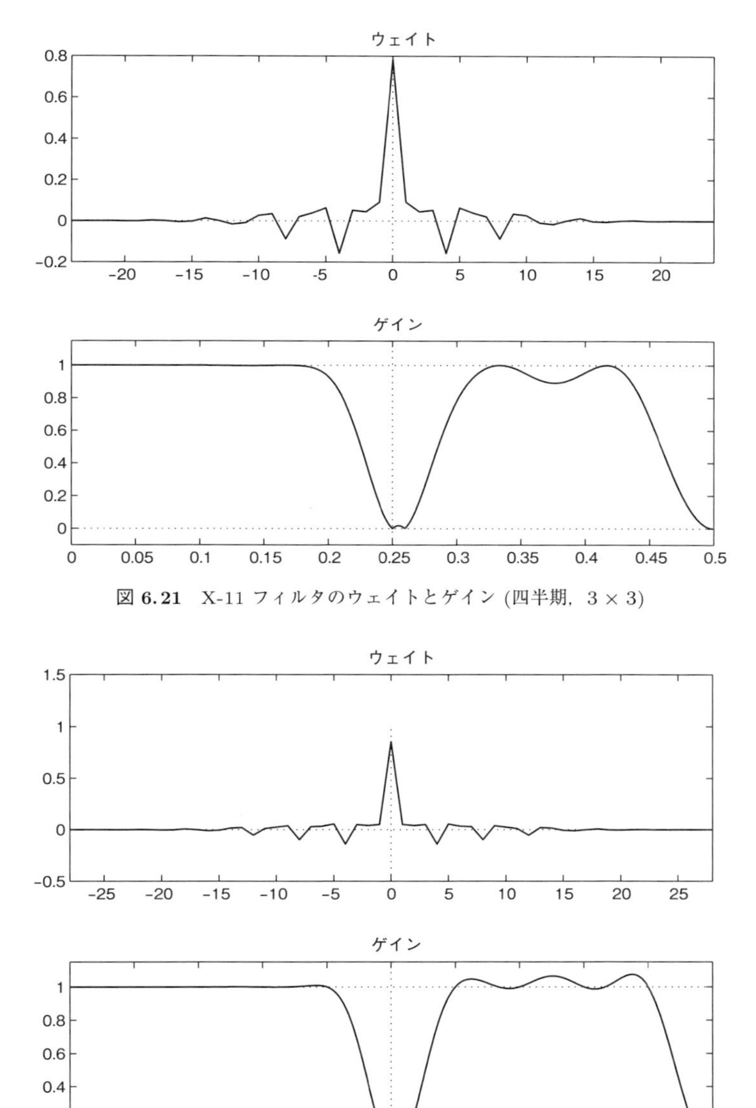

図 **6.21**　X-11 フィルタのウェイトとゲイン (四半期，3×3)

図 **6.22**　X-11 フィルタのウェイトとゲイン (四半期，3×5)

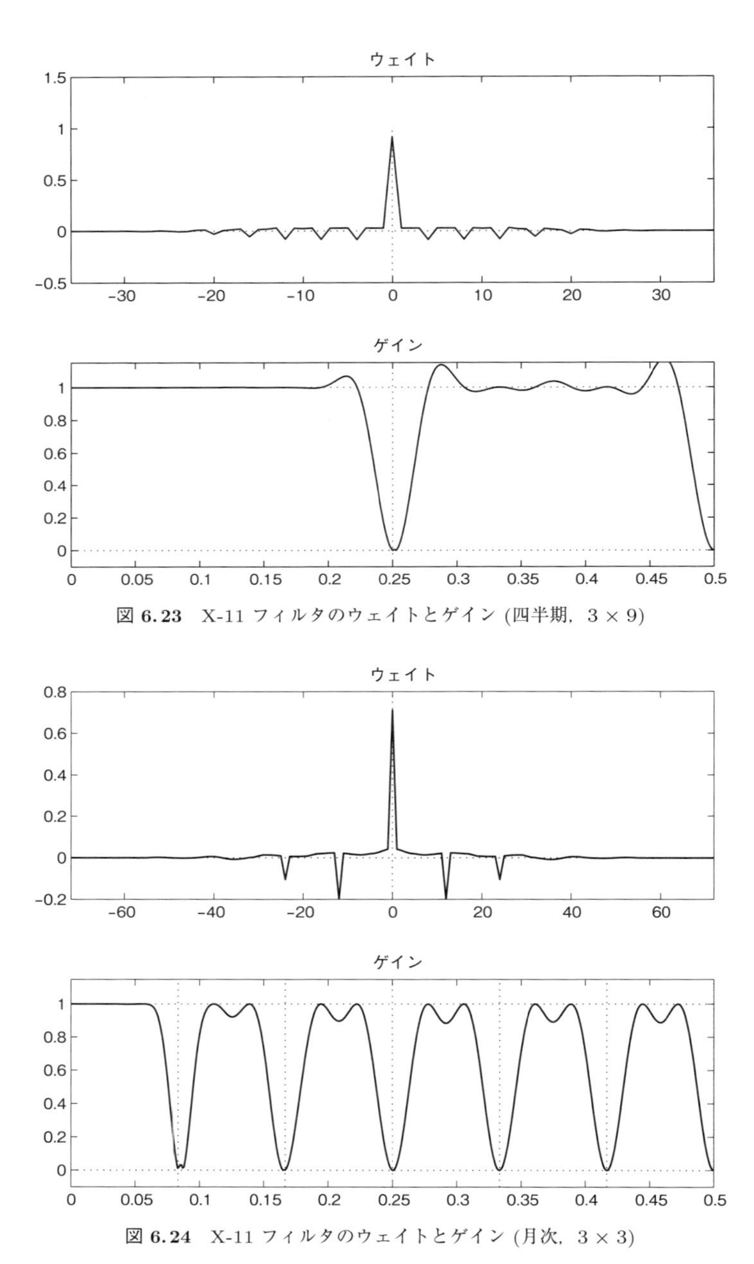

図 **6.23** X-11 フィルタのウェイトとゲイン (四半期，3 × 9)

図 **6.24** X-11 フィルタのウェイトとゲイン (月次，3 × 3)

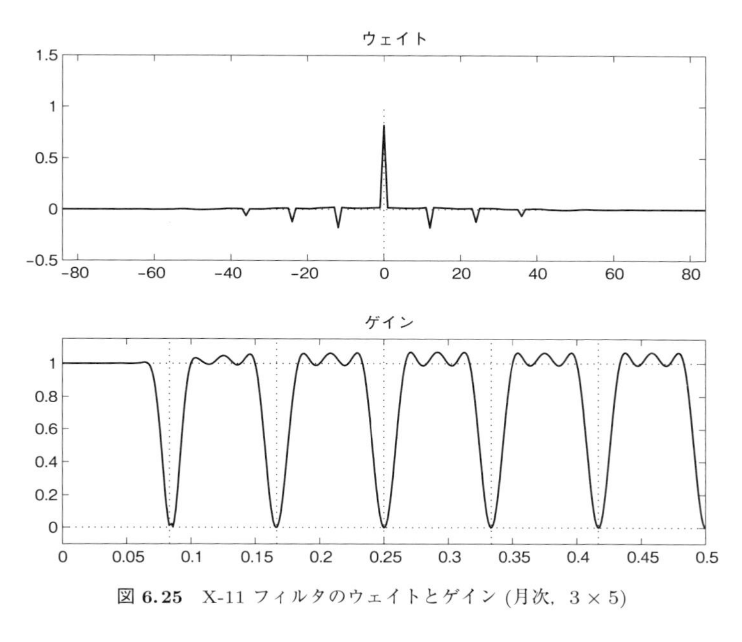

図 **6.25**　X-11 フィルタのウェイトとゲイン (月次，3×5)

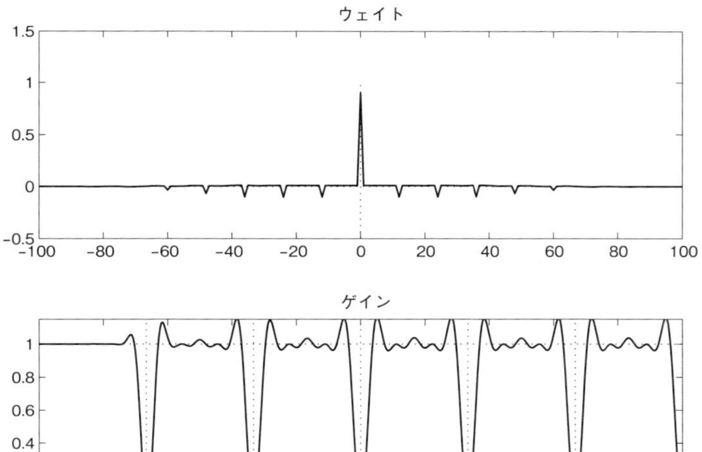

図 **6.26**　X-11 フィルタのウェイトとゲイン (月次，3×9)

6.4 マスグレーブ法による端点付近の処理

ところで，中心化移動平均フィルタやヘンダーソン移動平均フィルタは対称な移動平均フィルタであるため，データの端点付近における推定でフィルタのウェイトに対してデータが不足する場合には何らかの対応が必要となる．この問題に対し，Musgrave (1964) は，推定対象時点からみて左右に n 項ずつウェイトをもつ $2n+1$ 項移動平均フィルタ $\{h_j\}$ $(j=0,\pm1,\ldots,\pm n)$ をデータ系列の端点付近で近似する非対称フィルタを導出する方法を提案した．

Musgrave (1964) は，観測系列 Y_t が観測されない X_t と誤差 ϵ_t により

$$Y_t = X_t + \epsilon_t$$

のように表されるときに，X_t の推定量として

$$\widehat{X}_t = \sum_{j=-n}^{n-d} v_j Y_{t+j}$$

という形の非対称フィルタ $\{v_j\}$ $(j=-n,\ldots,n-d)$ を考え，その最適なウェイト値を導出した．ここで d $(1 \leq d \leq n)$ は対称フィルタと比較した場合の欠損数である．$\{v_j\}$ の項数を $c=2n-1-d$ としておく．

Musgrave (1964) の代替フィルタは，$2n+1$ 項移動平均フィルタ $\{h_j\}$ $(j=0,\pm1,\ldots,\pm n)$ に対し，

$$\begin{cases} \displaystyle\sum_{j=-n}^{n-d} v_j = 1 \\ Y_t = X_t + \epsilon_t = \alpha_0 + \alpha_1 t + \epsilon_t, \quad \epsilon_t \sim N(0,\sigma^2) \end{cases}$$

という二つの仮定の下で

$$E\left[\left\{\sum_{j=-n}^{n} h_j Y_{t+j} - \sum_{j=-n}^{n-d} v_j Y_{t+j}\right\}^2\right] \tag{6.6}$$

を最小にする $\{v_j\}$ $(j=-n,\ldots,n-d)$ として導出される．(6.6) 式は，データが Y_{t+n-d} まで利用できる場合の X_t の推定量と，データが新規に追加され Y_{t+n} まで利用できるようになった場合の X_t の推定量との間の平均二乗誤差を

表している．

X-11 では，トレンドの推定においてデータ系列の中心付近では前出のヘンダーソンフィルタを用いるが，端点付近ではマスグレーブの方法によりヘンダーソンフィルタから算出した代替フィルタが用いられる．以下ではヘンダーソンフィルタから求めた非対称ウェイトを導出しておこう．

$\{w_j\}$ $(j = 0, \pm 1, \ldots, \pm n)$ を $2n+1$ 項のヘンダーソン移動平均フィルタのウェイトとすると，ヘンダーソンフィルタの性質である $\sum_{j=-n}^{n} w_j = 1$ および $\sum_{j=-n}^{n} w_j j = 0$ を用いて

$$
\begin{aligned}
&\sum_{j=-n}^{n} w_j Y_{t+j} - \sum_{j=-n}^{n-d} v_j Y_{t+j} \\
&= \sum_{j=-n}^{n} w_j \{\alpha_0 + \alpha_1 (t+j) + \epsilon_{t+j}\} - \sum_{j=-n}^{n-d} v_j \{\alpha_0 + \alpha_1 (t+j) + \epsilon_{t+j}\} \\
&= (\alpha_0 + \alpha_1 t) \left(1 - \sum_{j=-n}^{n-d} v_j \right) - \alpha_1 \sum_{j=-n}^{n-d} v_j j \\
&\quad + \sum_{j=-n}^{n-d} (w_j - v_j) \epsilon_{t+j} + \sum_{j=n-d+1}^{n} w_j \epsilon_{t+j}
\end{aligned}
$$

が成り立つことがわかる．よって (6.6) 式は，制約条件 $\sum_{j=-n}^{n-d} v_j = 1$ に注意すると，

$$
\alpha_1^2 \left(\sum_{j=-n}^{n-d} v_j j \right)^2 + \sigma^2 \sum_{j=-n}^{n-d} (w_j - v_j)^2 + \sigma^2 \sum_{j=n-d+1}^{n} w_j^2 \tag{6.7}
$$

となる．したがって，各変数に対応するベクトルを

$$
\boldsymbol{v} = \begin{pmatrix} v_{-n} \\ v_{-(n-1)} \\ \vdots \\ v_{n-d} \end{pmatrix}, \quad \boldsymbol{w}_1 = \begin{pmatrix} w_{-n} \\ w_{-(n-1)} \\ \vdots \\ w_{n-d} \end{pmatrix}, \quad \boldsymbol{w}_2 = \begin{pmatrix} w_{n-d+1} \\ w_{n-d+2} \\ \vdots \\ w_n \end{pmatrix}
$$

$$
\boldsymbol{j} = \begin{pmatrix} -n \\ -(n-1) \\ \vdots \\ n-d \end{pmatrix}, \quad \boldsymbol{1} = \begin{pmatrix} 1 \\ 1 \\ \vdots \\ 1 \end{pmatrix}
$$

のように定義すると，代替フィルタは

$$\min_{\boldsymbol{v}} \left[\alpha_1^2 \boldsymbol{v}'\boldsymbol{j}\boldsymbol{j}'\boldsymbol{v} + \sigma^2 \{ (\boldsymbol{w}_1 - \boldsymbol{v})'(\boldsymbol{w}_1 - \boldsymbol{v}) + \boldsymbol{w}_2'\boldsymbol{w}_2 \} \right] \ s.t.\ \mathbf{1}'\boldsymbol{v} = 1$$

で表される最適化問題の解として得ることができる．ラグランジュ未定乗数法を用いて解くと，

$$\boldsymbol{v} = (I + S^2 \boldsymbol{j}\boldsymbol{j}')^{-1}(\boldsymbol{w}_1 + \lambda \mathbf{1})$$

となる．ただし I は $c \times c$ の単位行列で，$S^2 = \frac{\alpha_1^2}{\sigma^2}$ とする．λ は

$$\lambda = \frac{S^2 \mathbf{1}'\boldsymbol{j}\boldsymbol{j}'\boldsymbol{w}_1 + (1 + S^2 \boldsymbol{j}'\boldsymbol{j})(1 - \mathbf{1}'\boldsymbol{w}_1)}{c(1 + S^2 \boldsymbol{j}'\boldsymbol{j}) - S^2 \mathbf{1}'\boldsymbol{j}\boldsymbol{j}'\mathbf{1}}$$

から定まる定数である．S^2 は最適化問題の中では定まらず，$\boldsymbol{v}$ と $\boldsymbol{w}_1$ がどの程度近いかをコントロールする調整パラメータとして機能する．

X-12-ARIMA に組み込まれている X-11 フィルタでは，

$$R^2 = S^2 \frac{\pi}{4}$$

で定義されるパラメータ R に関して，さまざまな項数に対応する R のデフォルト値が表 6.2 のように設定されており，自動的に適用される．表 6.3 から表 6.8 に，マスグレーブ法により修正された様々な項数のヘンダーソン移動平均フィルタのウェイトを示した．図 6.27 から図 6.32 は各表に対応するウェイトのグラフである．X-11 法では，こうした非対称なフィルタにより端点付近での平滑化が行われる．

表 6.2　マスグレーブ代替フィルタの R

	R
5 項	0.001
7 項	4.5
9 項	1.0
13 項	3.5
23 項	4.5

なお，X-11 プログラムにおけるマスグレーブ法の適用については，ヘンダーソンフィルタがトレンドに対して 2 次関数を仮定しているのに対し，マスグレーブ代替フィルタでは 1 次関数を仮定しており，齟齬があるという指摘がある．ただし，後継プログラムである X-12-ARIMA では，X-11 フィルタを適用する

前段階において時系列モデルを利用した予測値を外挿し，系列を延長した後に移動平均による分解を行うため，マスグレーブ法による端点付近の調整の影響は小さく，二次的なものとなっている．

表 6.3 マスグレーブ代替フィルタ (5 項)

	(5 − 0) 項	(5 − 1) 項	(5 − 2) 項
−2	−0.0734	−0.0367	−0.1836
−1	0.2937	0.2937	0.3671
0	0.5594	0.5227	0.8164
1	0.2937	0.2203	
2	−0.0734		

表 6.4 マスグレーブ代替フィルタ (7 項)

	(7 − 0) 項	(7 − 1) 項	(7 − 2) 項	(7 − 3) 項
−3	−0.0587	−0.0531	−0.0542	−0.0338
−2	0.0587	0.0582	0.0610	0.1160
−1	0.2937	0.2870	0.2937	0.3833
0	0.4126	0.3997	0.4103	0.5345
1	0.2937	0.2747	0.2892	
2	0.0587	0.0336		
3	−0.0587			

表 6.5 マスグレーブ代替フィルタ (9 項)

	(9 − 0) 項	(9 − 1) 項	(9 − 2) 項	(9 − 3) 項	(9 − 4) 項
−4	−0.0407	−0.0308	−0.0226	−0.0494	−0.1555
−3	−0.0099	−0.0043	−0.0002	−0.0106	−0.0338
−2	0.1185	0.1198	0.1197	0.1258	0.1854
−1	0.2666	0.2636	0.2593	0.2819	0.4243
0	0.3311	0.3239	0.3155	0.3544	0.5797
1	0.2666	0.2550	0.2424	0.2979	
2	0.1185	0.1027	0.0859		
3	−0.0099	−0.0300			
4	−0.0407				

表 6.6　マスグレーブ代替フィルタ (13 項)

	(13 − 0) 項	(13 − 1) 項	(13 − 2) 項	(13 − 3) 項	(13 − 4) 項	(13 − 5) 項	(13 − 6) 項
−6	−0.0193	−0.0164	−0.0110	−0.0081	−0.0160	−0.0427	−0.0919
−5	−0.0279	−0.0258	−0.0220	−0.0202	−0.0249	−0.0386	−0.0581
−4	0.0000	0.0013	0.0033	0.0041	0.0027	0.0018	0.0120
−3	0.0655	0.0659	0.0663	0.0661	0.0678	0.0799	0.1198
−2	0.1474	0.1470	0.1456	0.1444	0.1494	0.1744	0.2439
−1	0.2143	0.2131	0.2100	0.2078	0.2160	0.2539	0.3531
0	0.2401	0.2380	0.2332	0.2300	0.2414	0.2922	0.4211
1	0.2143	0.2115	0.2050	0.2008	0.2154	0.2791	
2	0.1474	0.1437	0.1355	0.1302	0.1481		
3	0.0655	0.0610	0.0511	0.0448			
4	0.0000	−0.0053	−0.0169				
5	−0.0279	−0.0340					
6	−0.0193						

表 6.7　マスグレーブ代替フィルタ (15 項)

	(15 − 0) 項	(15 − 1) 項	(15 − 2) 項	(15 − 3) 項	(15 − 4) 項	(15 − 5) 項	(15 − 6) 項	(15 − 7) 項
−7	−0.0137	−0.0120	−0.0081	−0.0045	−0.0054	−0.0159	−0.0402	−0.0791
−6	−0.0245	−0.0232	−0.0203	−0.0178	−0.0184	−0.0250	−0.0388	−0.0571
−5	−0.0141	−0.0132	−0.0114	−0.0099	−0.0102	−0.0129	−0.0162	−0.0140
−4	0.0240	0.0245	0.0254	0.0258	0.0258	0.0269	0.0341	0.0569
−3	0.0829	0.0830	0.0828	0.0823	0.0825	0.0875	0.1052	0.1486
−2	0.1459	0.1456	0.1444	0.1428	0.1433	0.1522	0.1804	0.2443
−1	0.1937	0.1930	0.1908	0.1881	0.1890	0.2018	0.2404	0.3249
0	0.2115	0.2103	0.2072	0.2035	0.2046	0.2213	0.2704	0.3754
1	0.1937	0.1921	0.1880	0.1832	0.1846	0.2052	0.2647	
2	0.1459	0.1439	0.1387	0.1329	0.1346	0.1590		
3	0.0829	0.0805	0.0743	0.0674	0.0694			
4	0.0240	0.0211	0.0140	0.0061				
5	−0.0141	−0.0174	−0.0256					
6	−0.0245	−0.0282						
7	−0.0137							

表 6.8 マスグレーブ代替フィルタ (23 項)

	(23 − 0) 項	(23 − 1) 項	(23 − 2) 項	(23 − 3) 項	(23 − 4) 項	(23 − 5) 項	(23 − 6) 項	(23 − 7) 項	(23 − 8) 項	(23 − 9) 項	(23 − 10) 項	(23 − 11) 項
−11	−0.0043	−0.0039	−0.0028	−0.0010	0.0011	0.0027	0.0026	−0.0007	−0.0086	−0.0229	−0.0452	−0.0769
−10	−0.0109	−0.0106	−0.0097	−0.0082	−0.0064	−0.0051	−0.0052	−0.0078	−0.0140	−0.0249	−0.0413	−0.0638
−9	−0.0157	−0.0154	−0.0147	−0.0134	−0.0120	−0.0110	−0.0111	−0.0130	−0.0174	−0.0249	−0.0355	−0.0489
−8	−0.0145	−0.0143	−0.0137	−0.0128	−0.0118	−0.0110	−0.0111	−0.0123	−0.0150	−0.0190	−0.0238	−0.0281
−7	−0.0049	−0.0048	−0.0044	−0.0037	−0.0030	−0.0026	−0.0026	−0.0032	−0.0041	−0.0048	−0.0037	0.0012
−6	0.0134	0.0135	0.0138	0.0142	0.0145	0.0146	0.0146	0.0147	0.0155	0.0183	0.0252	0.0393
−5	0.0389	0.0390	0.0391	0.0392	0.0391	0.0390	0.0390	0.0398	0.0423	0.0486	0.0612	0.0844
−4	0.0683	0.0683	0.0682	0.0680	0.0676	0.0672	0.0673	0.0687	0.0730	0.0826	0.1011	0.1335
−3	0.0974	0.0973	0.0971	0.0966	0.0959	0.0952	0.0952	0.0973	0.1034	0.1164	0.1407	0.1823
−2	0.1219	0.1218	0.1214	0.1207	0.1196	0.1186	0.1186	0.1214	0.1292	0.1457	0.1758	0.2265
−1	0.1383	0.1382	0.1376	0.1365	0.1351	0.1338	0.1339	0.1373	0.1469	0.1668	0.2027	0.2626
0	0.1441	0.1438	0.1431	0.1418	0.1399	0.1384	0.1385	0.1426	0.1539	0.1772	0.2190	0.2880
1	0.1383	0.1380	0.1372	0.1355	0.1333	0.1315	0.1316	0.1363	0.1494	0.1762	0.2238	
2	0.1219	0.1216	0.1206	0.1186	0.1161	0.1140	0.1141	0.1195	0.1344	0.1646		
3	0.0974	0.0970	0.0958	0.0936	0.0907	0.0883	0.0885	0.0945	0.1111			
4	0.0683	0.0679	0.0665	0.0640	0.0607	0.0580	0.0582	0.0649				
5	0.0389	0.0384	0.0369	0.0341	0.0305	0.0275	0.0277					
6	0.0134	0.0129	0.0112	0.0081	0.0042	0.0009						
7	−0.0049	−0.0056	−0.0074	−0.0108	−0.0151							
8	−0.0145	−0.0152	−0.0172	−0.0209								
9	−0.0157	−0.0164	−0.0186									
10	−0.0109	−0.0117										
11	−0.0043											

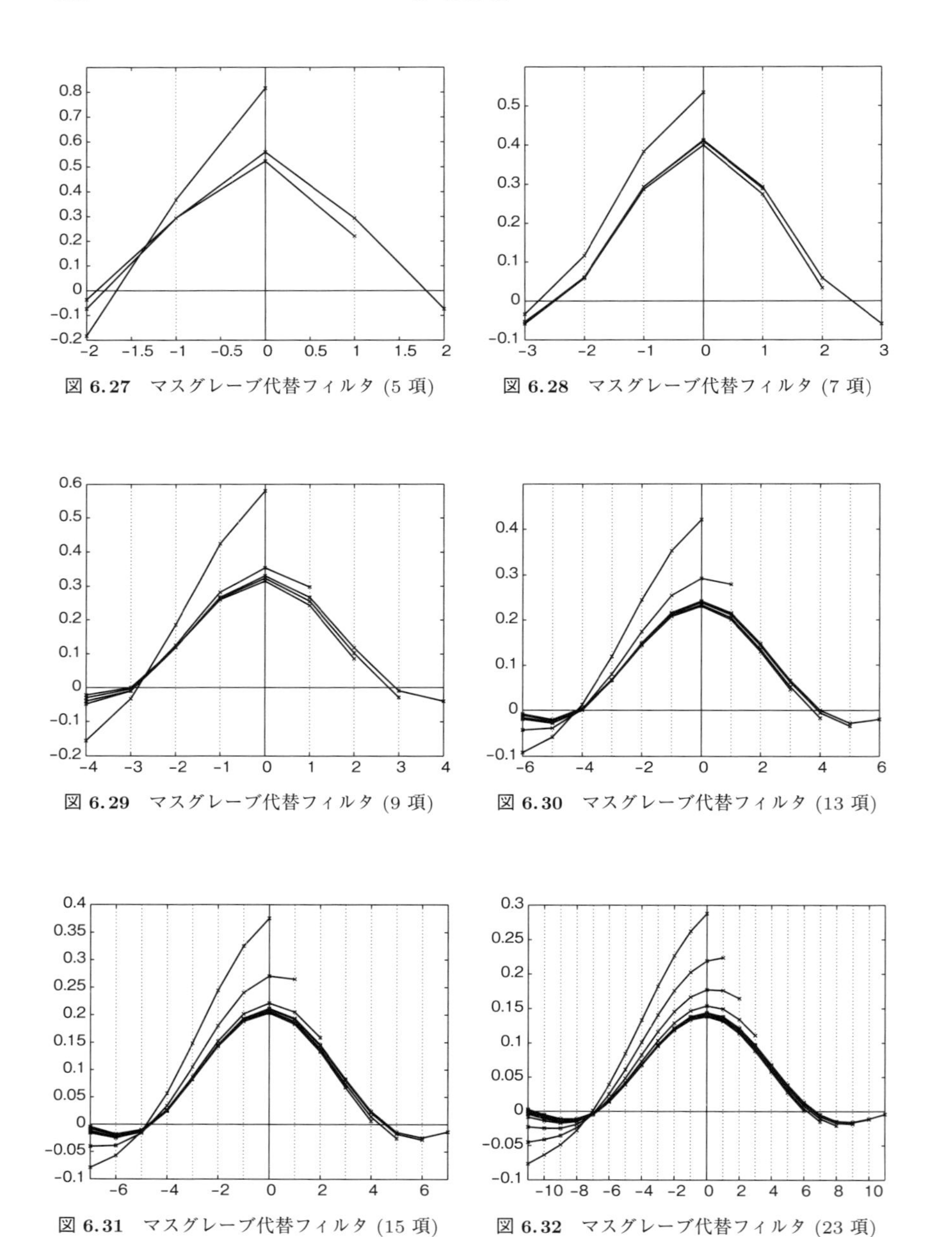

図 **6.27** マスグレーブ代替フィルタ (5 項)

図 **6.28** マスグレーブ代替フィルタ (7 項)

図 **6.29** マスグレーブ代替フィルタ (9 項)

図 **6.30** マスグレーブ代替フィルタ (13 項)

図 **6.31** マスグレーブ代替フィルタ (15 項)

図 **6.32** マスグレーブ代替フィルタ (23 項)

Chapter 7

X-12-ARIMA

季節調整プログラム X-12-ARIMA は，米国商務省センサス局により開発された X-11 法の改良版である．

X-12-ARIMA では，X-11 法をベースとしながら，時系列モデルによる予測値を併用することで季節調整の安定性向上が図られるとともに，ユーザーが様々なオプションを設定して柔軟な季節調整と結果の事後診断を行うための仕組みが導入されている．

7.1　X-11-ARIMA と X-12-ARIMA

第 6 章で扱った X-11 法は，様々な線形フィルタの組み合わせによって時系列を段階的に要素に分解する方法であり，1965 年の公開以来多くの統計機関で利用されるなど，標準的な季節調整法として扱われてきた．

しかしながら，X-11 法には実用上まだ十分に解決されていない点がいくつか残されており，特に大きな問題の一つがデータの端点の処理をどうするべきかということであった．対称な時不変フィルタを用いて平滑化を行う場合，時系列の端点付近ではデータが欠損するので，中間部と同様の処理ができなくなる．第 6 章で触れたように，X-11 では端点についてはマスグレーブ法により導出される片側移動平均を用いることで対応している．これは未知の部分について暗黙のうちにある種の予測を行っていることと同じであるため，将来得られる新しい観測値が事前の予測と大きく異なっていれば，過去に計算された季節調整値を大きく修正する必要が生じる可能性がある．一般に，経済統計のユーザーの関心が集まるのは直近の季節調整値や季節調整値から算出した前期比成長率であることが多いため，直近付近での季節調整値が不安定であると統計の有用性が損なわれる．同時に，統計作成者である官公庁などにとっても，公表系列の事後的な修正は望ましいことではない．

こうした問題に対応することを目指して，カナダ統計局の Dagum らによって 1970 年代に開発されたプログラムが X-11-ARIMA (Dagum (1980)) である．X-11-ARIMA の特徴は Box and Jenkins (1976) によって提唱され，その有用性から広く注目されるようになっていた，ARIMA モデルによる時系列の予測の手法を積極的に取り込んでいることである．X-11-ARIMA では季節調整のプロセス自体は X-11 のフィルタをほぼそのまま引き継いでいるが，季節調整を行う前にデータの事前調整として，原系列に ARIMA モデルを適用して予測を行い，予測値を観測データの先に外挿することによって系列を延長し，延長された系列に対して X-11 フィルタをかけるという手順が踏まれる．すなわち，X-11 ではフィルタの背後に暗黙のうちに想定されていたデータの時系列構造を，原系列の特徴を取り込んだ ARIMA モデルによって明示的に表現し，より正確な予測を実行しようとしたのが X-11-ARIMA である．一般に，ARIMA モデルによる予測精度が十分であれば，季調済系列は修正幅の少ない安定した系列になることが期待される．X-11-ARIMA はカナダ統計局などで利用された以外は，その他の各国で積極的に採用されることはなかったようではあるが，経験的季節調整法の現実的な精度の向上に関して一つの方針を示した．

その後 1980 年代後半以降，一般の人間が利用できる電子計算機の性能が大きく向上してくると，センサス局において再び新たな研究開発の気運が高まり，1990 年代後半になって Findley らを中心としたグループによって新たに X-12-ARIMA が公開されるに至った (Findley *et al.* (1998))

X-12-ARIMA は X-11-ARIMA で示された方針を基本的に引き継ぎながら，時系列モデルの利用に関してはより頑健で安定的な結果を得るための改善が施されている．X-12-ARIMA では X-11-ARIMA で内部モデルとして用いられていた ARIMA モデルを拡張した RegARIMA モデルと呼ばれるクラスを新たに提案し，事前調整に使用している．これによりデータの含む外れ値やレベルシフト等を考慮した上で時系列モデルを適用することができるようになり，より適切な予測が可能となっている．モデルの具体的な形式については次節に示した．

またその他の改良点として，得られた調整値に対する事後診断のオプション，内部モデルの選択を効率的に行うためのオプション，複数の系列の季節調整を一括して行うためのオプションなどが用意され，より実用的となっている．

X-12-ARIMA は世界各国でスタンダードな季節調整法として認識されており，日本においても多くの官公庁や日本銀行の公表する経済統計で採用されている．

7.2　X-12-ARIMA の概要

季節調整プログラム X-12-ARIMA は，移動平均フィルタをベースにしながら積極的に時系列モデルを利用するという X-11-ARIMA で示された方向性をさらに進展させ，より多様な時系列に対応できるように拡張したソフトウェアである．X-12-ARIMA ではユーザーが様々に設定できるオプションが数多く用意され，季節変動だけでなく曜日効果や休日効果，外れ値，レベルシフトといった，経済時系列でしばしば観察される変動パターンが適切に処理できるような工夫がなされている．

X-12-ARIMA で追加された主要な機能は，RegARIMA モデルと呼ばれる時系列モデルを利用した処理を通して実現されている．RegARIMA は，第 3 章で取り上げた ARIMA モデルを回帰変数を含む形式に拡張したモデルである．RegARIMA モデルは，曜日効果や外れ値，レベルシフトなどの，原系列に含まれる固定的な変動の推定から，将来の変動の予測に至るまで，X-12-ARIMA の全体的な処理の様々な局面で利用される．RegARIMA モデルの詳細は次節で説明する．

一方，X-12-ARIMA では季節調整自体は第 6 章で説明した X-11 法 (Shiskin *et al.* (1967)) により実行される．X-12-ARIMA では，ユーザーがオプションを適宜設定することにより，X-12-ARIMA で導入された新機能を除外し，X-11 法による季節調整のみを実行することもできる．ただし，X-12-ARIMA 内部に組み込まれた X-11 パートでは，オリジナルの X-11 法に対していくつかの追加的なオプションを付け加える改善がなされている．主要な点は以下の通りである.

- 擬加法型モデルの追加
- 季節調整値の不規則要素に対する新しい異常値処理オプション
- 季節フィルタに対する新しいオプション
- 任意の奇数項ヘンダーソン移動平均フィルタの追加

さらに，X-12-ARIMA では計算された調整結果の適切性をチェックするための事後診断機能が導入されている．主なものは

- 期間変更の安定性 (sliding spans) に基づく安定性チェック
- 修正履歴 (revisions history) に基づく事後評価

である.

以上の機能は，X-12-ARIMA の全体的な処理の中で

(1) RegARIMA モデルによる事前調整 (pre-processing)

(2) X-11 による季節調整

(3) 事後診断 (post-processing)

という順に利用される．一連の流れを模式図で表すと，図 7.1 のようになる.

このように，RegARIMA モデルによる事前調整 (外れ値などの除去や予測値による系列の延長など) が実行された後で，X-11 法による季節調整が行われ，結果の適切性や安定性が事後的に診断される．ユーザーは，事後診断の結果が満足できるものでない場合には，RegARIMA モデルの設定に戻り，一連のプロセスを繰り返すことになる.

7.3 RegARIMA モデル

X-12-ARIMA の季節調整の様々な段階で利用される RegARIMA モデルについて説明する.

Box and Jenkins (1976) において詳細に議論されたいわゆる ARIMA モデルは，季節性を含む時系列に対しても拡張されており，季節 ARIMA モデルと呼ばれている．時系列 z_t が季節 ARIMA モデルに従うとき，その一般形は

$$\phi(B)\Phi(B^s)(1-B)^d(1-B^s)^D z_t = \theta(B)\Theta(B^s)a_t \tag{7.1}$$

で与えられる．B はバックシフトオペレータで，s は季節周期を表す．ここで

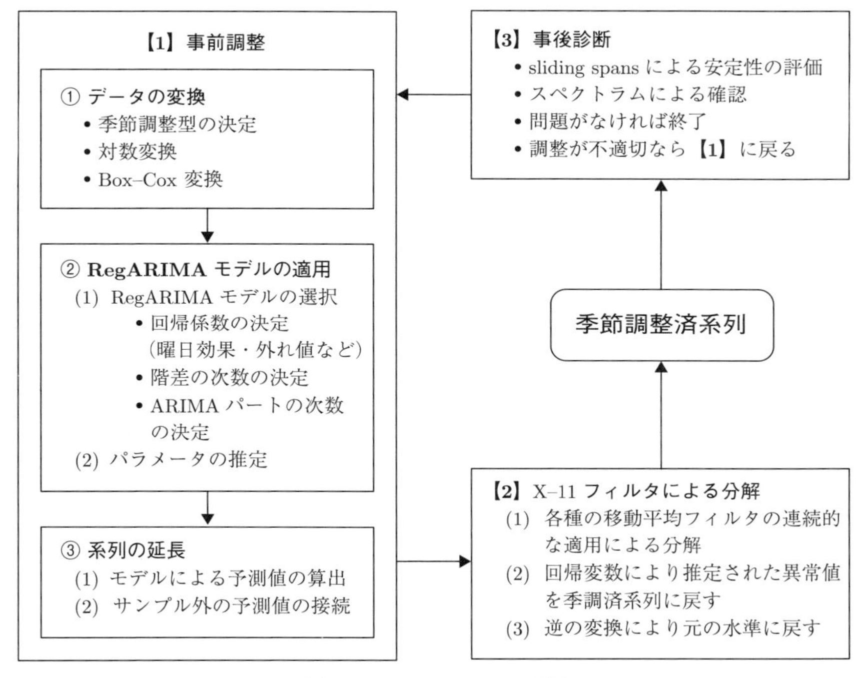

図 7.1 X-12-ARIMA の手順

$\phi(B) = (1-\phi_1 B - \cdots - \phi_p B^p)$ は非季節自己回帰 (AR) 作用素，$\Phi(B^s) = (1-\Phi_1 B^s - \cdots - \Phi_P B^{Ps})$ は季節自己回帰作用素，$\theta(B) = (1-\theta_1 B - \cdots - \theta_q B^q)$ は非季節移動平均 (MA) 作用素，$\Theta(B^s) = (1-\Theta_1 B^s - \cdots - \Theta_Q B^{Qs})$ は季節移動平均作用素をそれぞれ表している．また，a_t 項は独立・同一分布に従う期待値ゼロ分散 σ^2 のホワイトノイズである．$(1-B)^d$ は d 階の階差を，$(1-B^s)^D$ は D 階の季節階差をそれぞれ表している．

X-12-ARIMA では上記のような季節 ARIMA モデルを

$$(p\ d\ q) \times (P\ D\ Q)_s$$

と表記している．

RegARIMA モデルは，この季節 ARIMA モデルを拡張して回帰変数を組み込んだモデルとして定義される．原系列 y_t が

$$y_t = \sum_i \beta_i x_{it} + z_t \tag{7.2}$$

のような，説明変数 x_{it} と回帰係数 β_i からなる線形回帰モデルの形で表され，z_t が (7.1) 式で与えられる季節 ARIMA モデルに従うとき，y_t の従うモデルを RegARIMA モデルと呼ぶ．(7.1) 式と (7.2) 式を組み合わせたモデルは

$$\phi(B)\Phi(B^s)(1-B)^d(1-B^s)^D\Bigl(y_t-\sum_i \beta_i x_{it}\Bigr)=\theta(B)\Theta(B^s)a_t \tag{7.3}$$

と表記することができる．

(7.2) 式で定義される RegARIMA モデルを線形回帰モデルのバリエーションとしてみた場合，誤差項が非定常となる非標準的な回帰モデルとなり，通常の回帰分析と同様の手順では統計的に意味のある結果を導くことはできない．そこで X-12-ARIMA では，まず原系列 y_t と回帰変数の両方に対して，モデルで設定された階差操作を適用する．これにより，(7.3) 式で表される RegARIMA モデルは，

$$(1-B)^d(1-B^s)^D y_t=\sum_i \beta_i(1-B)^d(1-B^s)^D x_{it}+w_t \tag{7.4}$$

および

$$\phi(B)\Phi(B^s)w_t=\theta(B)\Theta(B^s)a_t \tag{7.5}$$

という形に変形される．ここで w_t は $(p\ 0\ q)\times(P\ 0\ Q)_s$ で表される定常な ARMA モデルに従う確率変数列である．(7.4) 式は，誤差項が系列相関をもつが定常な回帰モデルになっている．一般には，こうしたモデルは一般化最小二乗法などの方法により推定することができる．X-12-ARIMA で実装されている推定法については後述する．

(7.4) 式および (7.5) 式で表されるモデルは，原系列と回帰変数をそれぞれ階差変換した後の変数に関するモデルである．RegARIMA モデルによる予測値は，(7.4) 式および (7.5) 式のモデルによる予測値を，始めに行った階差操作とは逆の操作により累積的に足し上げてゆくことによって構成される．

7.3.1 回帰変数による処理

X-12-ARIMA では RegARIMA モデルのための回帰変数があらかじめ用意されている．主なものは，定数項などに対応する基本的な回帰変数と，外れ値やレベルシフトに対応するダミー変数である．

a. 基本的な回帰変数

あらかじめ用意されている基本的な回帰変数は

- 定数項
- 固定的季節効果
- 曜日効果
- 閏年効果
- 休日効果

などである．

このうち，定数項は全時点で 1 となるダミー変数である．ARIMA モデルの階差および季節階差がいずれも 0 である場合は，ARIMA 部分は定常となり，定数ダミーの係数推定値は原系列の平均レベルに対応する．X-12-ARIMA では，階差と季節階差の少なくとも一方が 0 でない場合には，モデル全体に階差操作を施して定常化されたモデルに対して定数項に対応するダミー変数が自動的に追加される．モデルによる予測値を算出する際には，推定された定数項が累積的に足し上げられることによって，原系列のレベルにおいて多項式によって表されるトレンドが組み込まれることになる．

固定的季節効果は，四半期系列の場合は 4 個，月次系列の場合は 12 個の固定的ダミーにより季節性を固定的に表現するダミー変数である．固定的季節効果ダミーと定数項については，階差次数との組み合わせによっては多重共線性の問題が生じ，推定が適切に行われない場合がある点に注意が必要である．

曜日効果は，各期に含まれる曜日の構成により生じる変動である．曜日効果の一般的な取り扱いについては第 4 章で触れた．X-12-ARIMA では，各期に含まれる各曜日の日数そのものではなく，各期に含まれる月曜から土曜の日数から日曜の日数を差し引いた六つの系列が回帰変数として用意されている．その他には，各期の日数に対応する変数と，閏年に対応する変数が用意されている．また，より単純な曜日効果の表現として，各期に含まれる平日の日数から土日の日数を差し引いた変数を回帰変数として利用することもできる．

休日効果は，平日と土日という周期的な経済活動のパターン以外の，祝祭日などによる影響を表す．当然のことながら，祝祭日は国や地域によって異なるため，データに合ったダミーを用いる必要がある．X-12-ARIMA では，アメリカで法定休日となっている労働祭 (9 月の第 1 月曜日) や感謝祭 (11 月の第 4 木曜日), 復活祭 (3 月 22 日から 4 月 25 日まででで変動) などに対応するダミー変数が用意されている. それ以外の地域に対応させる場合は, ユーザーが独自にダミー変数を作成し, 回帰変数に組み込むことができる.

休日がデータにどのような変動をもたらすかは自明ではないので, 何らかのシナリオを想定したダミーを構成する必要がある場合がある. X-12-ARIMA の労働祭などのダミーでは, 経済活動の水準が休日当日のある一定期間前から変化し, 当日までその水準が維持されるという仮定の下で構成される.

なお, 以上のようなダミー変数の利用は経済活動や社会的慣習が大きく変化しないことが前提となっている点に注意を払う必要がある. 例えば, 日本の場合は 1990 年代以降に週休二日制が一般的になってきており, それ以前とは曜日効果のパターンに変化が生じていることが予想される. その一方で, 24 時間営業の小売店などの増加やインターネットを介した通信販売の増加などによって, 消費の形態も多様化していると考えられる. さらに近年では, 中国をはじめとする東アジア地域との経済関係の比重が高まった結果, 日本国内のマクロ経済統計においても, 東アジアの広い地域で根付いている旧正月によって生じる変動の影響が観察されるケースもみられる.

b. 外れ値とレベルシフト

曜日効果や休日効果の他に回帰変数として処理されることが多いのがレベルシフトや異常値である. 経済統計の多くは, 様々な要因によって通常と異なる変動を見せることがある. 例えば, 統計データ作成の手順の変更 (官庁統計などにおける集計方法の変更, サンプリング法の変更等), 政府・中央銀行の政策の変化 (税制の変更, 金融政策の変更等), 突発的な事象によるショック (オイルショック, バブル崩壊, リーマンショック等) といったことは, 統計データの大きな変動の原因となり得る. このような事象によって生じる変動は, 多くの場合は繰り返し継続的に起こる変動ではなく, 一時的な異常値やレベルシフトといった形で現れる.

第 1 章でみた輸入額の系列は, そうした変動の典型的な例である. 図から明らかなように, 2008 年後半から 2009 年にかけて非常に大きな断層が生じている. これはいわゆるリーマンショックによって生じた世界的な金融危機を反映して発生した変動である．これはレベルシフトの典型的な形であるが，RegARIMA モデルの特性を考えると，(7.1) 式で定義される誤差項の分布からこのような急激なシフトが発生する確率はほとんどないため，こうした変動は回帰変数によって表現されることになる．

X-12-ARIMA には系列の水準の一時的ないし恒久的な変化を扱う 4 種類の回帰変数が用意されている．これらの変数は次のように定義される．

- 加法的外れ値 (additive outliers) (AO)

$$AO_t^{(k)} = \begin{cases} 1 & (t = k) \\ 0 & (t \neq k) \end{cases}$$

  時系列の特定の時点のみの変化を表現する．

- 水準変化 (level shifts) (LS)

$$LS_t^{(k)} = \begin{cases} -1 & (t < k) \\ 0 & (k \leq t) \end{cases}$$

  ある時点から後のすべての時系列に一定値の増加・減少があることを表現する．

- 一時変化 (temporary changes) (TC)

$$TC_t^{(k)} = \begin{cases} 0 & (t < k) \\ \alpha^{t-k} & (k \leq t) \end{cases}$$

  系列の水準が特定時点で変化した後に指数的に急速にもとの水準に戻る状況を表現する．

- 傾斜的水準変化 (ramp effect) (RP)

$$RP_t^{(k_0,k_1)} = \begin{cases} -1 & (t \leq k_0) \\ \dfrac{t-k_0}{k_1-k_0} - 1 & (k_0 < t < k_1) \\ 0 & (k_1 \leq t) \end{cases} \tag{7.6}$$

  一定の期間に線形的に増加あるいは減少することを表現する．

以上の変数の概形を図 7.2 から図 7.5 に示した．

なお，水準変化の変数 LS は，変化点の前後で -1 と 0 を取るように定義されており，始めに 0 を取り後に 1 を取る変数になっていない．これはあまり本

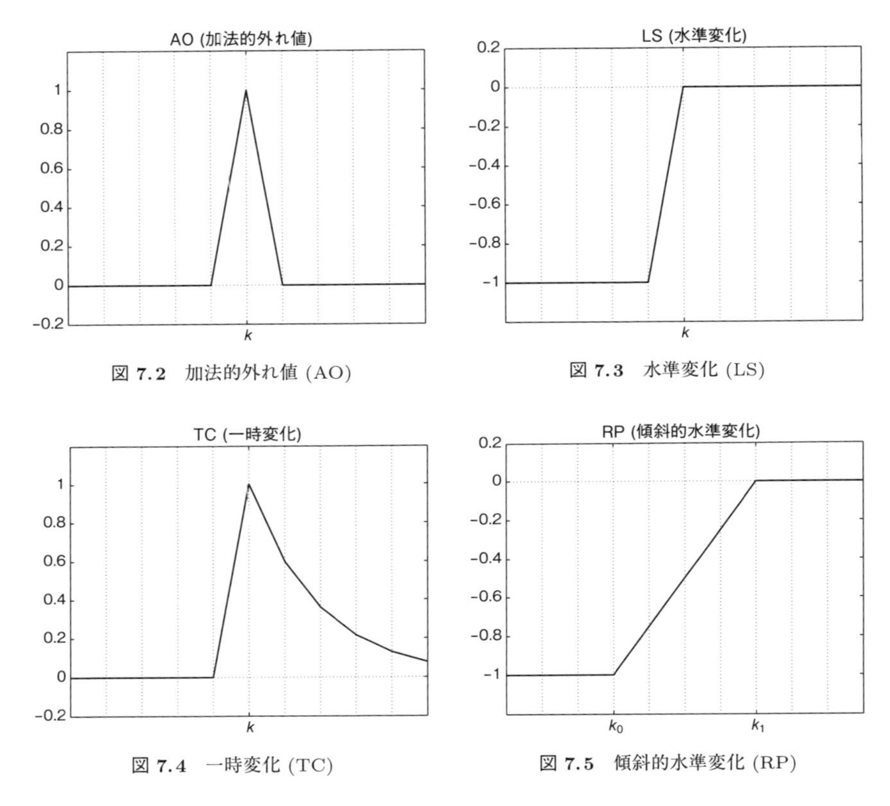

図 7.2 加法的外れ値 (AO)

図 7.3 水準変化 (LS)

図 7.4 一時変化 (TC)

図 7.5 傾斜的水準変化 (RP)

質的なことではないが，平均水準の予測値が時系列の最新時点の水準と矛盾しないようにするためにこのような定義になっている．変数 RP も同様の理由により，変化点よりも先の時点で 0 になるように定義されている．

以上のような回帰変数をモデルに含めるか否かについては，データの具体的な性質に則した検討をする必要がある．例えば，消費税増税に伴う駆け込み需要とその反動などのように，データから確認できる外れ値が制度的要因によることが明らかで，その発生時期もわかっている場合には，対応する時点に適切な変数を設定しておくことができる．

7.3.2 モデル推定

RegARIMA モデルの回帰部分と ARIMA 部分の次数が特定されれば，モデルの未知パラメータの推定が実行される．一般的には，最尤法を利用することによりすべてのパラメータを同時に推定することができるが，回帰変数の個数や ARIMA 部分の次数が大きい場合には，数値的最適化は煩雑になる．X-12-ARIMA では，安定的な推定を実行するために，回帰部分と季節 ARIMA 部分を別々に推定し，反復計算によって最終的な推定値を得る方法が採用されている．こうした方法は繰り返し一般化最小二乗 (IGLS) 法と呼ばれる．

RegARIMA モデルの全体についての尤度関数の最大化は IGLS によって実行される．この推定法は次の二つのステップから構成される．

(1) 与えられた AR と MA 母数に対して (7.4) 式の回帰係数を一般化最小二乗 (GLS) 法で推定する．

(2) 回帰モデルの母数 β_i の値を所与として最尤法により (7.5) 式の ARMA モデルの係数パラメータを推定する．

(3) (1) と (2) のプロセスを収束するまで繰り返す．

一般化最小二乗法とは，回帰モデルの誤差項が独立に同一の分布に従うという仮定が成り立たない場合にも適切な推定ができるように，通常の最小二乗法を補正した推定法である．RegARIMA モデルの推定では，誤差項が定常な ARMA モデルに従っており自己相関が存在する場合の回帰モデルの推定に相当する，上記のプロセス (1) において一般化最小二乗法が用いられる．

プロセス (2) では，(1) で推定された回帰係数を利用した残差系列に対して ARMA モデルの推定が行われる．X-12-ARIMA における RegARIMA モデルのパラメータ推定は，厳密最尤法と条件付き最尤法の二つの方法が用意されており，ユーザーはどちらかを選択することが可能である．デフォルトでは厳密最尤法が適用される．

厳密最尤法とは，モデルの対数尤度を最大化する通常の最尤推定法であり，条件付き最尤法は尤度関数の一部を無視して簡略化された対数尤度を最大化する簡便法である．

以下では，AR 部分の推定に関する厳密最尤法と条件付き最尤法の違いを，AR(1) モデルの推定を例に取って確認しておく．n 個の観測系列 $x_1, x_2, \ldots, x_n$ に対して AR(1) モデル

$$X_t = \phi X_{t-1} + \epsilon_t, \quad \epsilon_t \sim N(0, \sigma^2)$$

を当てはめ，未知パラメータ ϕ および σ^2 を推定することを考えよう．X_t が AR(1) に従う場合，X_{t-1} が与えられた下での X_t の条件付き分布が $X_{t-2},\dots,X_1$ に依存しないことに注意すると，モデルの尤度関数 $f(x_n,\dots,x_1)$ は

$$\begin{aligned}f(x_n,\dots,x_1) &= f(x_n|x_{n-1},\dots,x_1)f(x_{n-1},\dots,x_1)\\ &= f(x_n|x_{n-1})f(x_{n-1},\dots,x_1)\\ &= f(x_n|x_{n-1})f(x_{n-1}|x_{n-1})f(x_{n-2},\dots,x_1)\\ &= f(x_1)\prod_{j=2}^{n} f(x_j|x_{j-1}) \end{aligned} \tag{7.7}$$

のように表すことができる．(7.7) 式に現れる $f(x_j|x_{j-1})$ は X_j の条件付き分布に対応するが，AR(1) モデルを前提にすると

$$X_j|X_{j-1} \sim N(\phi X_{j-1}, \sigma^2)$$

となるので，

$$f(x_j|x_{j-1}) = \frac{1}{\sqrt{2\pi\sigma^2}}\exp\left\{-\frac{1}{2\sigma^2}(x_j - x_{j-1})^2\right\}$$

であることがわかる．また，$f(x_1)$ は初期値の分布に対応している．AR(1) モデルに従う X_t の無条件の期待値と分散は

$$E[X_t] = 0, \quad Var[X_t] = \frac{\sigma^2}{1-\phi^2}$$

であるので，

$$X_1 \sim N\left(0, \frac{\sigma^2}{1-\phi^2}\right)$$

となる．よって，(7.7) 式の対数は

$$\begin{aligned}\log f &= \log f(x_1) + \sum_{j=2}^{n}\log f(x_j|x_{j-1})\\ &= -\frac{1}{2}\log(2\pi\sigma^2) + \frac{1}{2}\log(1-\phi^2) - \frac{1-\phi^2}{2\sigma^2}x_1^2\\ &\quad -\frac{n-1}{2}\log(2\pi\sigma^2) - \frac{1}{2\sigma^2}\sum_{j=2}^{n}(x_j - \phi x_{j-1})^2 \end{aligned} \tag{7.8}$$

となる．

条件付き最尤法は，初期値の分布を所与とした条件付きの尤度をパラメータに関して最大化する方法である．すなわち，(7.8) 式の最初の 3 項は初期値の分布に由来するので，それらを除いた 2 項を ϕ, σ^2 について最大化する．すると，ϕ の条件付き最尤法による推定量は，$\sum_{j=2}^{n}(x_j - \phi x_{j-1})^2$ を最小化する ϕ に等しくなり，最小二乗推定量と一致する．

厳密最尤法は (7.8) 式全体を最大化する ϕ, σ^2 を求める方法である．(7.8) 式のうち初期値に依存する部分はサンプル数 n が大きくなるにつれて相対的に小さくなるので，計算の容易な条件付き最尤法は漸近的には正当化されるが，厳密最尤法は厳密な尤度を用いた最尤推定量になっている．

なお，X-12-ARIMA で実行される厳密最尤法では，パラメータの取り得る範囲が制限されることに注意する必要がある．例えば，AR(1) の厳密最尤法では対数尤度関数に $\log(1-\phi^2)$ という項が現れているが，この項は対数の定義から $|\phi| < 1$ の範囲でしか定義されないため，厳密最尤法では $|\phi| < 1$ の範囲で ϕ の最尤推定量が探索される．この範囲は AR(1) モデルが因果的になるパラメータの範囲と一致している．一般の AR モデルについても同様に，厳密最尤法によって得られる AR モデルの係数パラメータは必ずモデルが因果的になる範囲で求められる．

繰り返し一般化最小二乗法では，このような回帰係数と ARMA パラメータの 2 段階の推定が交互に実行され，推定値が一定の値に収束するまで繰り返される．

推定結果の診断

X-12-ARIMA で実装されている推定プロセスは多くの時系列で安定的な推定結果を与えるが，モデル選択の問題と関係して，推定値が不安定になったり収束に時間がかかる場合がある．そのような状況が発生する原因は様々であるが，特に

- 過剰階差
- AR 部分と MA 部分での共通因子の存在

の二つが問題となることが多い．

過剰階差とは，原系列を定常化するために必要な階差の次数よりも多くの階差を取ってしまった場合を指す．一般に，過剰階差によって MA 部分が反転

不能なモデルになる場合が多い．真のモデルが反転不能である場合には，系列を比較的低い次数の AR モデルによって近似することができないため，実際のデータを用いた予測において不都合が生じる場合がある．

また，AR 部分と MA 部分での共通因子の存在は，最尤推定における数値最適化のプロセスに問題をもたらす可能性がある．共通因子が存在する場合とは，例えば

$$(1-\phi B)X_t = (1-\phi B)\epsilon_t, \quad \epsilon_t \sim WN(0, \sigma^2) \tag{7.9}$$

のような ARMA モデルに対応する．このモデルでは AR 部分と MA 部分に $(1-\phi B)$ という共通の因子が含まれている．この場合，AR 部分が因果的であれば

$$X_t = \frac{1-\phi B}{1-\phi B}\epsilon_t = \epsilon_t$$

と表すことができ，X_t は実際にはホワイトノイズになっている．実際のデータ分析では共通因子の存在は事前にはわからないので，真のモデルが (7.9) 式であるデータに対して

$$X_t = \frac{1-\phi B}{1-\theta B}\epsilon_t \tag{7.10}$$

という ARMA モデルを推定するというケースは生じ得る．共通因子の問題はこのようなケースで発生する．(7.10) 式のモデルを推定した場合，ϕ と θ は近い値が推定されることになるが，繰り返し一般化最小二乗法の収束は非常に遅くなる．

このような状況が生じた場合，結果が安定するまでモデルの設定をやりなおす必要がある．

7.3.3 予　　測

X-12-ARIMA により RegARIMA の母数が推定されれば，点予測値や信頼区間などを求めることができる．X-12-ARIMA が計算する予測値は，直近時点までの観測系列を所与として，将来の平均二乗予測誤差を最小化することによって求められる．これは ARIMA モデルを用いた標準的な予測方法である．(詳細は例えばブロックウェル，デービス (2000) を参照．) なお，このような予

測により算出される点予測値や信頼区間は，モデルが正しく選択されており，かつパラメータも正しく推定されており，さらに予測期間内に追加的な外れ値などが発生しないといった，いくつかの仮定が前提になっていることに注意する必要がある．

また，ARIMA モデルによる予測は，原系列の直近付近のデータに基づいて累積的に計算されるが，回帰部分に関しては，将来の予測を行う期間について回帰変数の将来値を用意しておく必要がある．曜日効果などの組み込み変数を用いた場合は，回帰変数の将来値はプログラムによって自動的に算出されるが，ユーザーが定義した回帰変数については，ユーザーがあらかじめ将来の回帰変数の値を設定していなければ，X-12-ARIMA はエラーを返す．

7.3.4 モデルの特定化

最後にモデルの選択の問題について若干触れておく．

前述のように，X-12-ARIMA による直近付近の季節調整値にはモデルの予測値が含まれているため，モデルによる予測のパフォーマンスが悪い場合は季節調整結果が不安定になってしまう．不安定とは，新規データを追加して再推計をした場合に，過去の季節調整値が修正される度合いが大きいことを指す．したがって，モデルは予測力の高いものを統計学的な基準によって選ぶ必要があるが，モデル選択は回帰変数の選択，変化点の時期の選択，ARIMA 部分の構成の選択など，様々な要素が関係した複雑な作業となる．

RegARIMA モデルにおける ARIMA 部分の特定化とは，モデルを特徴付けるパラメータ $(p\ d\ q)$, $(P\ D\ Q)$, s を特定することである．よく知られた方法としては，Box and Jenkins (1976) で示された標本自己相関関数 (SACF) や標本偏自己相関関数 (SPACF) に基づく方法がある．これは，ARMA モデルのパラメータ次数の様々な組み合わせについて，典型的な自己相関関数 (ACF) や偏自己相関関数 (PACF) のパターンを把握し，実際の観測系列から計算された標本自己相関関数や標本偏自己相関関数と比較することによりモデルの次数を決定する方法である．X-12-ARIMA では ACF や PACF を計算するコマンドが用意されている．

RegARIMA モデルが回帰変数を含む場合には，適当な階差を取った系列に

ついて最小二乗法で回帰係数を推定した後に，残差系列に対して ACF や PACF を計算する．すなわち

$$(1-B)^d(1-B^{12})^D y_t = \sum_i \beta_i(1-B)^d(1-B^{12})^D x_{it} + w_t$$

のような回帰モデルの残差を用いる．

しかしながら，このようなモデル選択法は，ユーザーが ARIMA モデルを用いたデータ分析について一定の知識や経験を有していることが必要である．X-12-ARIMA では，階差の次数も含めてモデルを自動的に選択するコマンドが用意されている．自動選択では，モデルの予測誤差に関連したいくつかの統計量を用いて，候補となる複数のモデルの中からあらかじめ与えておいた基準をクリアするモデルが選択される．ただし，自動選択コマンドでは回帰変数を選択することができないなど，いくつかの不便な点がある．

その他の選択法としては，情報量規準を用いるやり方がある．情報量規準を最小化するモデルを選択するという方法は，多くの場合機械的な選択を可能にする利便性の高いモデル選択法となる．

X-12-ARIMA はモデルの推定を行う際にモデル選択基準となるいくつかの統計量を同時に計算する．主なものは

- AIC (赤池情報量規準) (Akaike (1973))
- AICC (Hurvich and Tsai (1989))
- Hannan–Quinn (Hannan and Quinn (1979))
- BIC (Schwarz (1978))

である．

推定するモデルのパラメータ数を n_p とし，階差や季節階差を適用した後のデータ数を N，推定により得られた厳密な尤度関数の最大値を L_N とするとき，これらのモデル選択基準は次の式で与えられる

$$\begin{aligned} AIC_N &= -2L_N + 2n_p \\ AICC_N &= -2L_N + 2n_p \left\{ \frac{N}{N - \frac{n_p+1}{N}} \right\} \\ Hannan\text{–}Quinn_N &= -2L_N + 2n_p \log\log N \\ BIC_N &= -2L_N + n_p \log N \end{aligned}$$

いずれの基準についても，与えられた時系列に対して値がもっとも小さくなるモデルが選択されることになる．こうしたモデル選択基準を用いる場合には注意すべきいくつかの事項がある．こうしたモデル選択が可能なのは同一の次数の階差モデルに対してのみであるという点である．したがってモデル選択基準を階差操作の次数選択に使うことはできないことになる．

例えば，財務省の法人企業統計調査では，様々な構成の RegARIMA モデルを総当りで推定し，AIC が最小となるモデルを採用するというシンプルな方針でモデルの再選択作業を定期的に行い，調整の適切性と実務上の負担とのバランスを図っている．安定的で頑健な季節調整を継続して行うためには，統計理論における最適性だけではなく，こうした実際上の工夫も重要になる．日本の官庁統計で具体的にどのような運用がされているかについては第 11 章で触れる．

Chapter 8
TRAMO-SEATS

本章では，スペイン銀行により開発された季節調整ソフトウェアである TRAMO-SEATS で実装されている季節調整法について説明する．TRAMO-SEATS は，モデルベースの季節調整法の一つで，欧州を中心に広く利用されている季節調整法である (Gomez and Maravall (1996))．TRAMO-SEATS では，原系列に対してパラメトリックな時系列モデルを当てはめた上で，モデルに基づいた正準分解 (canonical decomposition) による時系列の分解と Wiener–Kolmogorov フィルタによる各成分の推定というプロセスにより季節調整が行われる．本章では TRAMO-SEATS で実装されているモデルベースの分解とフィルタについて説明する．

8.1 TRAMO-SEATS の概要

TRAMO-SEATS における処理は，TRAMO パートと SEATS パートに分かれている．これは X-12-ARIMA の処理が事前調整パートと X-11 フィルタによる時系列分解パートに分かれていることと同様である．

TRAMO とは "time series regression with ARIMA noise, missing observation and outliers" を意味し，季節調整を行う前の事前調整を実行するプロシージャである．処理の具体的な中身は X-12-ARIMA の事前調整とかなり類似しており，X-12-ARIMA と同様にデータに対する RegARIMA モデルの適用を含んだいくつかの処理が行われる．

TRAMO パートの事前調整
- ・RegARIMA モデルの適用
- ・外れ値の処理
- ・欠損値の処理
- ・前方予測と後方予測の追加

また，SEATS は “signal extraction in ARIMA time series” の略で，SEATS パートでは，TRAMO パートで選択された RegARIMA モデルに基づいて時系列モデルをトレンド，季節性，不規則変動などの成分ごとのモデルに分解した後に，WK フィルタによる各成分の推定が実行される．

8.2 時系列モデルの分解

WK フィルタは，時系列を構成する各成分の統計モデルが既知である場合に，平均二乗誤差を最小化する移動平均フィルタを導出したものであった．しかしながら，季節調整の問題においては，トレンド，循環成分，季節成分といった各要素が従う統計モデルが事前に知られているということはない．したがって，WK フィルタを季節調整に適用するためには，何らかの形で各成分の統計的特徴を表したモデルを決めてやる必要がある．

本章で取り上げる TRAMO-SEATS 法では，まず直接観察できる原系列の特徴を捉えた時系列モデル (RegARIMA モデル) を推定し，次にモデルの性質を利用して各成分の統計モデルを導出している．一般に時系列の分解には様々な方法があり得るが，TRAMO-SEATS 法では正準分解 (canonical decomposition) と呼ばれる方法が採用されている．

観測系列 X_t が

$$X_t = T_t + S_t + I_t$$

のように，トレンド，季節性，不規則変動の各成分に分解できるとしたとき，各成分の統計モデルを決定することがここでの問題である．3.3 節「和の定理」で確認したように，一般に複数の系列を集計する操作には情報のロスが伴う．これは，逆にいうと，集計された後の系列を要素に分解するためには，追加的な情報ないし制約条件を加えることが必要となることを意味している．正準分解においては，

- 各成分はすべて互いに独立である
- パラメータ数はできるだけ抑える (ケチの原理)
- トレンドと季節性は滑らかに変動する

という制約条件の下で可能な分解を考える．分解は X_t の自己共分散母関数

$G_{xx}(z)$ に基づいて行われるが，各要素の独立性を仮定することで，$G_{xx}(z)$ が各成分の自己共分散母関数の和として表され，計算が簡略化される．パラメータ数については，そもそも一意な分解ができない問題であり，一般に同じ統計的性質をもつモデルが複数存在し得るため，簡潔なモデルを優先的に選択する．また，トレンドと季節性が滑らかであるということは，不規則変動 I_t の分散が相対的に大きいということを表している．したがって，この条件は I_t の分散が最大化されるようなパラメータを選ぶという形で導入される．

以下ではまず比較的単純な例として

$$(1-B^2)X_t = \epsilon_t, \quad \epsilon_t \sim N(0, \sigma^2) \tag{8.1}$$

というモデルを通してモデルベースの分解の考え方を確認しよう．正準分解では，まず X_t が従うモデルの AR 部分の構造から可能な分解を検討する．(8.1) 式ではラグオペレータは $1-B^2 = (1-B)(1+B)$ となっている．このうち $1-B$ を含む部分は 1 次のトレンドモデルを表すため，トレンド的な変動を規定していると考えられる．他方，$1+B$ は季節性と解釈できる．$1+B$ によって特徴付けられる系列を S_t とすると，MA 部分を省略して

$$(1+B)S_t = S_t + S_{t-1} = u_t$$

のように表される．これは，S_t の連続する 2 期間を合計すると平均的にはゼロになる性質を意味しているため，周期を 2 とする季節性であると解釈できる．以上を踏まえた分解モデルの候補としては，まず

$$X_t = \frac{1-\alpha B}{1-B}\epsilon_t^T + \frac{1-\beta B}{1+B}\epsilon_t^S + I_t$$

が考えられる．$\epsilon_t^T, \epsilon_t^S$ はそれぞれトレンド成分と季節成分の誤差項を表す．このとき X_t の (擬似) 自己共分散母関数 $G_{xx}(z)$ は，右辺の各成分が互いに独立であることから

$$\begin{aligned} G_{xx}(z) &= \frac{\sigma^2}{(1-z^2)(1-z^{-2})} \\ &= \frac{(1-\alpha z)(1-\alpha z^{-1})}{(1-z)(1-z^{-1})}\sigma_T^2 + \frac{(1-\beta z)(1-\beta z^{-1})}{(1+z)(1+z^{-1})}\sigma_S^2 + \sigma_I^2 \end{aligned} \tag{8.2}$$

となる．$\sigma_T^2, \sigma_S^2, \sigma_I^2$ はそれぞれトレンド，季節性，不規則変動の誤差項の分散

である．ここでトレンドと季節性の MA 部分には MA(1) を仮定している．もしトレンドと季節性に MA 部分が存在しなければ，$G_{xx}(z)$ は

$$G_{xx}(z) = \frac{\sigma^2}{4(1-z)(1-z^{-1})} + \frac{\sigma^2}{4(1+z)(1+z^{-1})}$$

となり，3 要素への分解とならないため，ここではまず最も単純な MA(1) を仮定している．なお，MA 部分は $|\alpha| \leq 1$ および $|\beta| \leq 1$ を仮定し，パラメータを識別可能な範囲に限定しておく．(8.2) 式から，右辺を合計して z^j ごとに係数をまとめ，σ^2 と等しくなるための条件を求めると，

$$\begin{aligned}
&\sigma^2 = 2\sigma_I^2 + 2(\alpha^2 - \alpha + 1)\sigma_T^2 + 2(\beta^2 - \beta + 1)\sigma_S^2 \\
&(1-\alpha)^2\sigma_T^2 = (1+\beta)^2\sigma_S^2 \\
&\beta\sigma_S^2 = \sigma_I^2 + \alpha\sigma_T^2
\end{aligned}$$

が得られる．これらを整理すると

$$\begin{aligned}
\sigma_S^2 &= \frac{\sigma^2}{4(1+\beta)^2} \\
\sigma_T^2 &= \frac{\sigma^2}{4(1-\alpha)^2} \\
\sigma_I^2 &= \left\{ \frac{\beta}{4(1+\beta)^2} - \frac{\alpha}{4(1-\alpha)^2} \right\} \sigma^2
\end{aligned}$$

となる．分解を完成させるためには，X_t のモデルの推定から得られる σ^2 の推定値を所与として，これら 3 式の条件を満たす $\alpha, \beta, \sigma_T^2, \sigma_S^2, \sigma_I^2$ を求める必要がある．しかしながら，決定すべき変数の数よりも条件式の数が少ないため，連立方程式として解くことにより値を得ることはできない．ただし，$\sigma_T^2, \sigma_S^2, \sigma_I^2$ はいずれも正規分布に従う確率変数の分散なので，追加的な条件として $\sigma_T^2 > 0, \sigma_S^2 > 0, \sigma_I^2 > 0$ が満たされる必要がある．また，第 3 章での議論により，MA 部分の係数である α, β は一般性を失うことなく $|\alpha| \leq 1, |\beta| \leq 1$ を満たす範囲に限定することができる．これらの制約条件を追加しても各変数を一意に決定することはできないが，この条件を満たす $\alpha, \beta, \sigma_T^2, \sigma_S^2, \sigma_I^2$ の組み合わせを「許容的な分解」と呼ぶ．許容的な分解では，トレンド，季節性，不規則変動のそれぞれの要素のスペクトラムは非負となる．TRAMO-SEATS で採用されている手順では，分解を一意に行うために，許容的な分解のうち不規則変動の分散 σ_I^2 を最大にす

る分解が採用される．これは正準分解と呼ばれる．σ_I^2 を最大にする分解を採用する根拠は必ずしも明確ではないが，許容的な分解が複数存在する場合，それらの違いはホワイトノイズをどの要素にどのように配分するかの違いとなって現れることが知られており，正準分解はトレンドおよび季節性に含まれるノイズをもっとも少なくする分解であると解釈できる．

この場合に σ_I^2 を最大にする α, β は容易に計算することができ，$(\alpha, \beta) = (-1, 1)$ で与えられる．したがって正準分解は

$$G_{xx}(z) = \frac{(1+z)(1+z^{-1})}{(1-z)(1-z^{-1})}\sigma_T^2 + \frac{(1-z)(1-z^{-1})}{(1+z)(1+z^{-1})}\sigma_S^2 + \sigma_I^2$$

となる．よって，X_t は正準分解により

$$X_t = \frac{1+B}{1-B}\epsilon_t^T + \frac{1-B}{1+B}\epsilon_t^S + \epsilon_t^I$$

と分解される．

このように時系列の分解が確定すると，第 5 章での WK フィルタの議論から，平均二乗誤差を最小にする季節成分 S_t の推定量 $\widehat{S}_t$ は

$$\begin{aligned}
\widehat{S}_t &= \frac{\sigma_S^2}{\sigma^2} \frac{\frac{(1-B)(1-B^{-1})}{(1+B)(1+B^{-1})}}{\frac{1}{(1-B)^2(1-B^{-1})^2}} X_t \\
&= \frac{\sigma_S^2}{\sigma^2}(1-B)^2(1-B^{-1})^2 X_t \\
&= \frac{\sigma_S^2}{\sigma^2}\left(X_{t-2} - 4X_{t-1} + 6X_t - 4X_{t+1} + X_{t+2}\right)
\end{aligned}$$

によって与えられる．したがって季調済系列は $X_t - \widehat{S}_t$ となる．

以上のように，観測される原系列 $\{X_t\}$ の従うモデルが (8.1) 式で表される場合に，いくつかの仮定の下で，平均二乗誤差を最小にするという意味で最適な，季節調整のための移動平均フィルタを導出することができる．ここでは説明のための例として (8.1) 式のモデルに即して時系列の分解の流れを確認したが，実際にはモデルの形が事前に判明していることはないため，原系列の統計的性質に合致した時系列モデルを適切に選択する必要がある．TRAMO-SEATS では，原系列が一般の ARIMA モデルに従う場合のモデルの選択および推定から，最適なフィルタの導出と季節調整値の算出までの一連のプロセスが実装さ

れている．以上を踏まえて，次節では TRAMO-SEATS の処理の流れを一般的な形でまとめておく．

8.3 TRAMO-SEATSによる季節調整

一般の場合の TRAMO-SEATS による処理は次のような流れで実行される．

(1) 外れ値等の回帰変数を含んだ ARIMA モデルである RegARIMA モデルの特定と推定

(2) ARIMA 部分の各成分へのモデルの分解

(3) WK フィルタの構成

(4) WK フィルタによる時系列の分解

(1) のモデルの特定については，TRAMO-SEATS ではモデルの自動選択機能が実装されている．自動選択は，まず単位根検定により単位根または季節単位根が検出された場合には，対応する階差または季節階差を取って系列を定常化し，階差系列に対して様々な ARMA モデルを適用して BIC を最小化するモデルを採用するという手順で実行される．モデルの推定は X-12-ARIMA と同様に IGLS で行われる．

(2) では，前節の例のようにまず AR 部分が性質に応じてトレンド成分，循環成分，季節成分に分類される．まず，(1) の手順で特定された原系列に対応する RegARIMA モデルの ARIMA 部分が

$$\phi(B)X_t = \theta(B)u_t, \quad u_t \sim WN(0, \sigma^2)$$

と表されるとする．AR 次数と MA 次数をそれぞれ p, q とする．AR 部分については単位根がある場合も含むものとする．AR 部分に対応する特性方程式を

$$1 - \phi_1 z - \phi_2 z^2 - \cdots - \phi_p z^p = 0$$

とすると，第 3 章の例 3.11 で触れたように，一般に重根，単位根および複素根を含めて p 個の根が存在する．それぞれの根に対応する AR 過程の性質は，実根については第 3 章の図 3.1 から図 3.6 に，複素根については図 3.7 から図 3.12 にそれぞれ示されている．特性方程式の根による分類は，次のように行われる．

- 根が 1 に近い場合 (図 3.1 に対応)
  自己相関関数の減衰が遅く，パワースペクトラムはゼロ付近に強いピークをもつ．⇒ トレンド成分に分類.
- 正の実根の場合 (図 3.2 から図 3.4 に対応)
  自己相関関数の減衰が速く，パワースペクトラムは低周波領域で緩やかなピークをもつ．⇒ 循環成分に分類.
- 負の実根の場合 (図 3.5 に対応)
  自己相関関数が振動しつつ速やかに減衰し，パワースペクトラムは高周波領域でピークをもつ．⇒ 循環成分に分類.
- 根が -1 に近い場合 (図 3.6 に対応)
  自己相関関数が振動し減衰が遅く，パワースペクトラムは 0.5 付近で強いピークをもつ．⇒ 季節成分に分類.
- 複素根で絶対値が 1 に近く，周波数が季節周波数に近い場合 (図 3.9 および図 3.12 に対応)
  自己相関関数が振動し，パワースペクトラムが季節周波数 (月次の場合は $1/12 \simeq 0.083$ cycle/month とその整数倍) でピークをもつ．⇒ 季節成分に分類.
- その他の複素根 (図 3.7，図 3.8，図 3.10，図 3.11 に対応)
  自己相関関数が振動しつつ速やかに減衰し，パワースペクトラムが季節周波数とは異なる周波数でピークをもつ．⇒ 循環成分に分類.
- 季節 AR の場合 (特性方程式が $1-\phi_s z^s=0$ となる場合 (s は季節周期))
  $\phi=(\phi_s)^{1/s}$ から定まる ϕ に対し，特性方程式は

$$1-\phi_s z^s=(1-\phi z)(1+\phi z+\phi^2 z^2+\cdots+\phi^{s-1}z^{s-1})=0$$

  と変形でき，ϕ が 1 に近い場合は $(1-\phi B)$ をトレンド成分，$(1+\phi B+\phi^2 B^2+\cdots+\phi^{s-1}B^{s-1})$ を季節成分に分類．$|\phi|$ が 1 よりも十分小さい場合には $(1-\phi_s B^s)$ 全体を循環成分に分類.

このような手順で AR 部分がトレンド成分 T_t，循環成分 C_t，季節成分 S_t，不規則成分 I_t に分解され，原系列 X_t が

$$X_t=T_t+C_t+S_t+I_t$$

と表されるとしよう．また，各成分のモデルは

$$
\begin{aligned}
\phi_T(B)T_t &= \theta_T(B)u_t^T, \quad u_t^T \sim WN(0, \sigma_T^2) \\
\phi_C(B)C_t &= \theta_C(B)u_t^C, \quad u_t^C \sim WN(0, \sigma_C^2) \\
\phi_S(B)S_t &= \theta_S(B)u_t^S, \quad u_t^S \sim WN(0, \sigma_S^2) \\
I_t &= u_t^I, \quad u_t^I \sim WN(0, \sigma_I^2)
\end{aligned}
$$

であるとする．$\phi_T(B), \phi_C(B), \phi_S(B)$ は，それぞれ X_t の AR 部分を上記の手順に従い特性方程式の根によって分類した，各成分の AR 部分を表している．このとき，

① 各成分が互いに独立

② $\phi_T(z), \phi_C(z), \phi_S(z)$ は互いに素

③ $\theta_T(z), \theta_C(z), \theta_S(z)$ は共通の単位根をもたない

という条件の下で，X_t の自己共分散母関数は

$$
\begin{aligned}
G_{xx}(z) &= \frac{\theta(z)\theta(z^{-1})}{\phi(z)\phi(z^{-1})}\sigma^2 \\
&= \frac{\theta_T(z)\theta_T(z^{-1})}{\phi_T(z)\phi_T(z^{-1})}\sigma_T^2 + \frac{\theta_C(z)\theta_C(z^{-1})}{\phi_C(z)\phi_C(z^{-1})}\sigma_C^2 + \frac{\theta_S(z)\theta_S(z^{-1})}{\phi_S(z)\phi_S(z^{-1})}\sigma_S^2 + \sigma_I^2
\end{aligned}
$$

と表される．ここで，$\phi_T(z), \phi_C(z), \phi_S(z)$ の形は $\phi(z)$ の特性根の分類により特定されるが，上式を満たす $\theta_T(z), \theta_C(z), \theta_S(z)$ は一意に定まらない．そこで，まず各成分の ARMA モデルについて「MA 次数 $\leq$ AR 次数」を仮定した上で，各成分のパワースペクトラムが非負になるようなパラメータの組み合わせを「許容的な分解」とする．最後に，許容的な分解のうち不規則成分の分散 σ_I^2 を最大にする分解を採用する．

手順 (3) および (4) では，特定された時系列モデルに基づいて WK フィルタを構成し，X_t に対して適用して季調済系列を得る．なお，WK フィルタは無限個の観測データが利用できるという前提で導かれるフィルタであるため，実際は移動平均の項数を適当なところで切断することになる．また，端点付近では特定された時系列モデルに基づいた予測値を端点の外側に接続した上で，WK フィルタを適用する．

以上，TRAMO-SEATS 法で実装されているモデルベースの季節調整法の概

略を説明した．このようなモデルベースの方法により，データの時系列的特徴を反映した，平均二乗誤差を最小化するという意味で最適な移動平均フィルタを構成することができる．ただし，フィルタを導出する過程では，必ずしも根拠が明確ではない恣意的な仮定が導入されている点には注意が必要である．例えば，モデルの一意な分解は，不規則成分の分散を最大化するという基準によって導かれる．これは，もっともノイズの少ないクリアーなトレンドや季節性を抽出していると解釈できるが，それを用いる明確な根拠は存在しない．また，データが従う真のモデルを知ることはできないため，経験的なフィルタやノンパラメトリックな手法に比べると，モデルの特定化の誤りに対する頑健性にもより注意が必要であろう．

Chapter 9
状態空間モデルによる季節調整

モデルベースの季節調整法のうち，トレンド，季節性などの直接観察されない個別の成分それぞれに対して明示的に統計モデルを仮定し，第5章で説明した状態空間モデルを利用して処理を行う方法がある．これは同じモデルベースの方法である TRAMO-SEATS とも異なるアプローチで，モデル全体の見通しがよいという特長があり，カルマンフィルタなどの一般的な手法によりパラメータの推定や各成分の推定が効率的に行われる．本章では，こうした方法の代表的な事例の一つである Decomp について説明する．

9.1　Decomp の構成

モデル型の季節調整法の中には，直接観測されないデータの内部構造を明示的にモデリングする方法があり，日本では主に統計数理研究所において研究が行われてきた．統計数理研究所では，移動平均法とは異なるベイズ統計的発想に基づくユニークな研究がされており，BAYSEA (Akaike and Ishiguro (1980)) などがよく知られている．本節では BAYSEA を発展させたプログラムである Decomp (Kitagawa and Gersch (1982), 北川 (1986)) と呼ばれる方法について概観する．

Decomp では原系列 $\{Y_t\}$ が，トレンド成分 T_t，循環成分 C_t，季節成分 S_t，不規則変動 I_t などの要素により

$$Y_t = T_t + C_t + S_t + I_t \quad (\text{加法型}) \tag{9.1}$$

もしくは

$$Y_t = T_t \times C_t \times S_t \times I_t \quad (\text{乗法型}) \tag{9.2}$$

という形で表現できると考える．乗法型の場合はデータを対数変換すれば，加法型と見なすことができる．その上で，各成分がそれぞれ異なる統計的性質をもつ確率過程であると考え，性質に応じたモデルを明示的に仮定する．

- トレンドの性質

  トレンド T_t は滑らかに推移すると仮定する．これは，Δ を階差オペレータ，すなわち $\Delta T_t = (1-B)T_t = T_t - T_{t-1}$ とするとき，適当な m に対して

$$\Delta^m T_t \simeq 0$$

  と表すことができる．この式は階差操作により T_t の主要な変化分を消すと，残りの変動がごく小さいことを表しており，統計モデルとしては例えば

$$\Delta^m T_t = (1-B)^m T_t = u_t, \quad u_t \sim N(0, \sigma_u^2)$$

  となる．m は通常は $m=1$ や $m=2$ とされる．

- 循環成分の性質

  循環成分 C_t は T_t のように長期的ではない，中短期的な循環的変動を表す．このような変動は Decomp では定常な AR モデルにより表現される．すなわち

$$\phi(B)C_t = w_t, \quad w_t \sim N(0, \sigma_w^2)$$

  とする．$\phi(B)$ は B の多項式で，方程式 $\phi(z)=0$ のすべての根の絶対値が 1 より大きいと仮定する．

- 季節成分の性質

  季節成分 S_t の前年同期からの変化は緩やかであるとする．これは，適当な l に対して

$$(1-B^p)^l S_t \simeq 0$$

  と表すことができる．ただし p は季節周期であり，四半期系列の場合は $p=4$，月時系列の場合は $p=12$ とする．統計モデルとしては

$$(1-B^p)^l S_t = v_t, \quad v_t \sim N(0, \sigma_v^2)$$

  となる．ただし，このモデルの左辺は

$$(1-B^p)^l S_t = (1-B)^l (1+B+\cdots+B^{p-1})^l S_t$$

と変形することができるため，このままではトレンドモデルと共通の因子が存在し識別性の問題が生じるので，通常はこれを避けるために

$$(1+B+\cdots+B^{p-1})^l S_t = v_t, \quad v_t \sim N(0, \sigma_v^2)$$

が用いられる．これは，隣り合う S_t を季節周期分合計すると平均的にはゼロとなる性質であると解釈できるので，季節性のモデルとしても自然である．

- 不規則成分の性質

不規則成分 I_t は T_t，C_t，S_t とは無関係で，平均的にはゼロであると仮定する．これは例えば

$$I_t = Y_t - T_t - S_t \simeq 0$$

と表現できるので，統計モデルとしては単純に

$$I_t = \epsilon_t, \quad \epsilon_t \sim N(0, \sigma_\epsilon^2)$$

とすればよい．

以上の各モデルの中の撹乱項 u_t, v_t, ϵ_t はそれぞれ互いに独立で，正規分布に従うとしているが，これも各成分の変動を特徴付けるための仮定の一つである．モデルを適用しようとするデータが，明らかに外れ値を含んでいたり，水準のシフトが生じていると思われる場合は，正規分布よりも裾の厚い分布を採用することにより，より適切なモデル化ができる場合もある．しかし第5章でみたように，撹乱項が正規分布である場合には成分の推定の際に便利な逐次的アルゴリズムであるカルマンフィルタを利用できるが，他の分布を用いた場合には一般により複雑な近似処理や，モンテカルロシミュレーションを用いた処理が推定のために必要となる．これらについては例えば北川 (2005) を参照されたい．

9.2　Decomp の状態空間表現

次に Decomp の各成分のモデルを全体として状態空間モデルにより表現する．まず，T_t について，$m=2$ とすると，トレンドのモデルは

$$\boldsymbol{t}_t = F_T \boldsymbol{t}_t + G_T u_t$$

と表すことができる．ここで

$$\boldsymbol{t}_t = \begin{pmatrix} T_t \\ T_{t-1} \end{pmatrix}, \quad F_T = \begin{pmatrix} 2 & 1 \\ 1 & 0 \end{pmatrix}, \quad G_T = \begin{pmatrix} 1 \\ 0 \end{pmatrix}$$

とする．

C_t は AR モデルであるので，モデルの次数を k とすると，

$$\boldsymbol{c}_t = F_C \boldsymbol{c}_t + G_C w_t$$

において，

$$\boldsymbol{c}_t = \begin{pmatrix} C_t \\ C_{t-1} \\ \vdots \\ C_{t-k+1} \end{pmatrix}, \quad F_C = \begin{pmatrix} \phi_1 & \phi_2 & \cdots & \phi_k \\ 1 & 0 & \cdots & 0 \\ 0 & \ddots & 0 & \\ 0 & \cdots & 1 & 0 \end{pmatrix}, \quad G_C = \begin{pmatrix} 1 \\ 0 \\ \vdots \\ 0 \end{pmatrix}$$

と表すことができる．

S_t については，$l = 1$ を仮定すると，

$$\boldsymbol{s}_t = F_S \boldsymbol{s}_t + G_S v_t$$

となる．ここで

$$\boldsymbol{s}_t = \begin{pmatrix} S_t \\ S_{t-1} \\ \vdots \\ S_{t-p+2} \end{pmatrix}, \quad F_S = \begin{pmatrix} -1 & -1 & -1 & \cdots & -1 \\ 1 & 0 & \cdots & & 0 \\ 0 & 1 & 0 & \cdots & 0 \\ \vdots & & & & \vdots \\ 0 & \cdots & 0 & 1 & 0 \end{pmatrix}, \quad G_S = \begin{pmatrix} 1 \\ 0 \\ \vdots \\ 0 \end{pmatrix}$$

とする．

以上より，

$$\boldsymbol{x}_t = \begin{pmatrix} \boldsymbol{t}_t \\ \boldsymbol{c}_t \\ \boldsymbol{s}_t \end{pmatrix}, \quad F = \begin{pmatrix} F_T & 0 & 0 \\ 0 & F_C & 0 \\ 0 & 0 & F_S \end{pmatrix},$$

$$G = \begin{pmatrix} G_T & 0 & 0 \\ 0 & G_C & 0 \\ 0 & 0 & G_S \end{pmatrix}, \quad \boldsymbol{u}_t = \begin{pmatrix} u_t \\ w_t \\ v_t \end{pmatrix}$$

と置くことにより，状態方程式

$$\boldsymbol{x}_t = F\boldsymbol{x}_{t-1} + G\boldsymbol{u}_t$$

および，観測方程式

$$Y_t = H\boldsymbol{x}_t + \epsilon_t$$

という一組の方程式からなる状態空間モデルにより全体が記述される．ここで H は

$$H = \begin{pmatrix} 1, 0, 1, 0, \ldots, 0, 1, 0, \ldots, 0 \end{pmatrix}$$

となる $1 \times (2 + k + p - 1)$ の行列とする．

9.3 パラメータの推定

時系列モデルの状態空間表現が得られると，第 5 章で説明したカルマンフィルタによる状態変数の推定を行うことができる．しかしながら，前節の状態空間モデルはいくつかの未知パラメータを含んでいるため，状態の推定の前にパラメータの推定を行う必要がある．ここでの未知パラメータは，C_t のモデルに含まれる AR 係数 $\phi_1, \ldots, \phi_k$，撹乱項の分散 $\sigma_u^2, \sigma_w^2, \sigma_v^2$，および観測方程式の誤差項の分散 σ_ϵ^2 である．

第 5 章で確認したように，状態空間モデルはマルコフ性を利用することで尤度を条件付き確率の積に分解する事ができ (予測誤差分解)，分解された尤度はカルマンフィルタのアルゴリズムを利用することで容易に計算することができる．したがって，この尤度をパラメータに関して最大化することにより最尤推定値を得ることができる．

未知パラメータが推定されれば，それらの値を前提として状態変数 $\boldsymbol{x}_t$ の条件付き分布が，カルマンフィルタの平滑化アルゴリズムを用いて推定される．ただし，正確には Decomp で実装されている方法は，カルマンフィルタの計算において数値的安定性を向上させる工夫を施した平方根フィルタと呼ばれるアルゴリズムである．カルマンフィルタでは，データが与えられた条件の下での状態変数の条件付き期待値と条件付き分散

$$E\left[\boldsymbol{x}_t|Y\right], \quad Var\left[\boldsymbol{x}_t|Y\right]$$

の推定値が計算されるが，特に $Var\,[\boldsymbol{x}_t|Y]$ の推定値の導出において，逆行列の計算が繰り返される．$Var\,[\boldsymbol{x}_t|Y]$ は確率変数ベクトルの分散共分散行列であるので，理論上は対称な正定値行列であり，したがってその推定値も対称となる必要があるが，数値計算の上ではコンピュータの記憶容量の制約などから，逆行列の計算の過程で桁落ちや丸め誤差が発生し，推定された分散共分散行列の対称性が崩れる可能性がある．アルゴリズムの途中で対称性が崩れた場合，得られた結果は信用できないものとなる．

平方根フィルタは，このような事態を避けるために工夫された方法で，分散共分散行列そのものではなく，その平方根となる三角行列の推定値を更新するアルゴリズムとなっている．分散共分散行列の推定値が必要な場面では，この三角行列をその転置行列と掛け合わせることで分散共分散行列を得る．これにより，計算の量は多少増加するものの，分散共分散行列の対称性が常に維持され，推定結果の安定性が向上する*1)．

9.4 計　算　例

統計数理研究所では，Decomp をインターネット上で実行する仕組みを整えており，現在は WebDecomp という形で公開している*2)．WebDecomp を利用すると，ユーザーはウェブブラウザーを通して自分のデータを入力し，統計数理研究所のサーバー上で実行された Decomp による計算結果を受け取ることができる．

ここでは 1994 年以降の四半期別実質 GDP 系列に対して WebDecomp により季節調整を行った結果を示しておく．図 9.2 は，

- 対数変換あり
- トレンドの次数：3

*1) 平方根フィルタは，計算機の性能が十分でなかった時代に考案された安定度の高い計算方法の一つであり，物理メモリを潤沢に搭載した近年のパーソナルコンピュータを利用するならば，カルマンフィルタをそのまま実装しても問題が起きることは少ないと思われる．

*2) WebDecomp については http://ssnt.ism.ac.jp/inets2/japaneseVersion/title.html を参照．

- AR モデル成分の次数：2
- 曜日効果あり

という設定で実行した結果を示している．各成分の推定値やパラメータの推定値などとともに，選択したモデルの AIC なども出力されるので，複数のモデル候補の比較から適切な設定を検討することもできる．

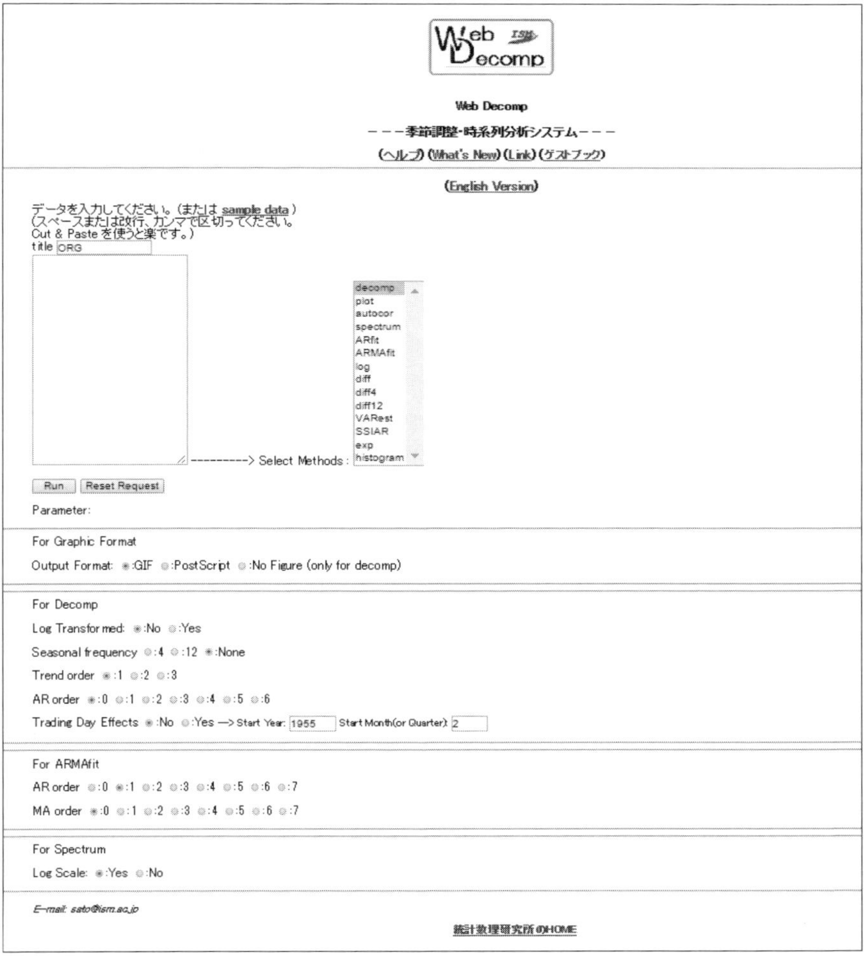

Web Decomp ISM

Web Decomp

－－－季節調整・時系列分析システム－－－

(ヘルプ) (What's New) (Link) (ゲストブック)

(English Version)

データを入力してください。(または sample data)
(スペースまたは改行、カンマで区切ってください。
Cut & Paste を使うと楽です。)
title ORG

---------> Select Methods : decomp plot autocor spectrum ARfit ARMAfit log diff diff4 diff12 VARest SSIAR exp histogram

Run　Reset Request

Parameter:

For Graphic Format

Output Format: :GIF :PostScript :No Figure (only for decomp)

For Decomp

Log Transformed: :No :Yes

Seasonal frequency :4 :12 :None

Trend order :1 :2 :3

AR order :0 :1 :2 :3 :4 :5 :6

Trading Day Effects :No :Yes —> Start Year: 1955 Start Month(or Quarter): 2

For ARMAfit

AR order :0 :1 :2 :3 :4 :5 :6 :7

MA order :0 :1 :2 :3 :4 :5 :6 :7

For Spectrum

Log Scale: :Yes :No

E-mail: sato@ism.ac.jp

統計数理研究所のHOME

図 **9.1**　WebDecomp の画面

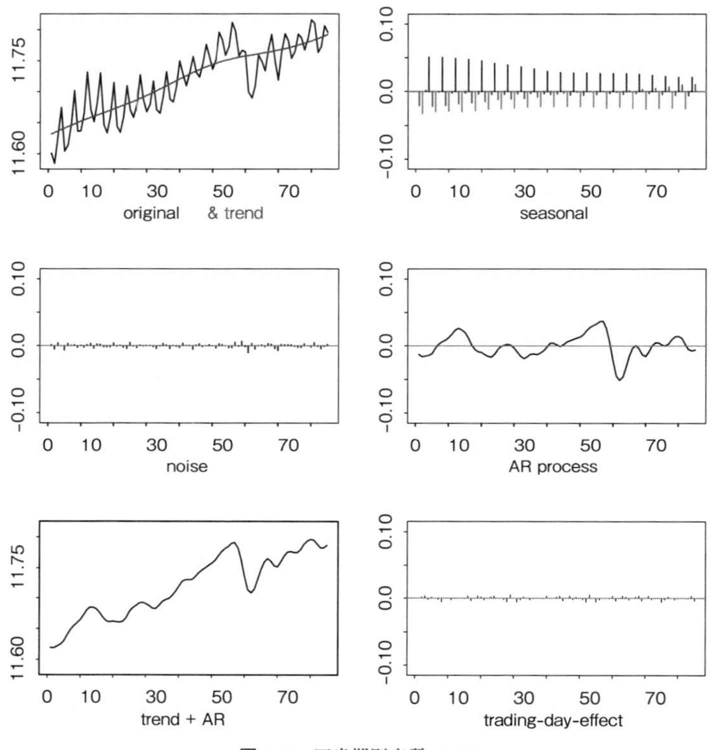

図 9.2　四半期別実質 GDP

9.5　ノンパラメトリック回帰との関係

Decomp が ARIMA ベースの信号抽出に対して特徴的な点は，各成分のモデルがその成分の構造 (データ生成過程) を記述しているというよりは，トレンド成分，季節成分の滑らかさに関する事前情報を表しているという意味合いが強く，その意味でベイズモデルとして解釈できるということである．

トレンドモデルや季節性のモデルは，単に時系列モデルとしてみれば単位根を含んだ非定常なランダムウォークモデルとなっているため，自由度が高く柔軟ではあるものの，予測においては予測誤差が急激に拡大するため有用なモデルではない．Decomp では，時系列モデルの形式によって各成分の変動に対して一定の制約を課して，自由度を低減させたモデルをデータに対してフィットさせていると考えられ，この点で Decomp による時系列の分解は，ノンパラメトリック回帰における平滑化の考え方と類似性をもっているといえる．以下この点について簡単に触れる．

ノンパラメトリック回帰の一つの方法である平滑化スプラインの枠組みでは，観測値 $\{y_i\}$ が未知の関数 f の周囲に散らばっていると仮定して，ある制約の下で f を推定するという問題が取り扱われる．すなわち

$$y_i = f_{(t_i)} + \epsilon_i, \quad \epsilon_i \sim N(0, \sigma^2), \quad i = 1, 2, \ldots, n \tag{9.3}$$

という状況を考え，

$$L = \sum_{i=1}^{n} (y_i - f_{(t_i)})^2 + \Phi(f) \tag{9.4}$$

なる関数 L を最小化するような f を求めることになる．(9.4) 式の右辺第 1 項は f の観測値に対するフィットのよさを表しており，第 2 項は f の滑らかさに関するペナルティを表している．具体的には λ を非負の実数として，

$$L = \sum_{i=1}^{n} (y_i - f_{(t_i)})^2 + \lambda \int (f^{(2)}(u))^2 du \tag{9.5}$$

とするのが一般的である．滑らかさの指標として，関数の 2 階微分の 2 乗を定義域全体で積分した値を用いるというのは自然なことであると思われる．ここで右辺第 1 項は f のフィットがよいほど小さな値になり，第 2 項は f が滑らかであるほど小さな値を取るので，λ が両者をバランスさせるパラメータとなる．ただし季節調整の対象となる時系列データは，通常等間隔に並んだ離散的な時系列であるので，この考え方をそのようなケースについて適用すると，等間隔に並んだ時系列 $\{Y_t\}$

$$Y_t = f_{(t)} + \epsilon_t, \quad \epsilon_t \sim N(0, \sigma^2), \quad t = 1, 2, \ldots, T \tag{9.6}$$

に関して，未知の関数 f を

$$\sum_{t=1}^{T} (Y_t - f_{(t)})^2 + \alpha \sum_{t=3}^{T} (f_{(t)} - 2f_{(t-1)} + f_{(t-2)})^2 \tag{9.7}$$

を最小化するという基準によって求めることになる．

一方，f が

$$(1-B)^2 f_{(t)} = u_t, \quad u_t \sim N(0, \tau^2) \tag{9.8}$$

を満たす確率過程であると仮定して，(9.6) 式より Y_t との同時分布 g を考えると，未知パラメータを固定してみた場合，

$$\log g = Const. - \frac{1}{2\sigma^2}\sum_{t=1}^{T}(Y_t - f(t))^2 - \frac{1}{2\tau^2}\sum_{t=1}^{T}\{(1-B)^2 f(t)\}^2 \tag{9.9}$$

となる．f の最尤推定はこれを最大化する f を求めることであるが，この問題が (9.7) 式の f に関する最小化の問題と同値なのは明らかである．したがって，未知関数 f に対して (9.8) 式のような事前分布を仮定することは，平滑化スプラインの別の解釈であるといえる．

そもそもノンパラメトリック回帰は，背後に特定のパラメトリックなモデルを仮定せずに，探索的なデータ解析を行うことを目的としたものである．その意味では Decomp のアプローチは，真のモデルは未知ないし存在しないという明確な認識から出発していると考えることができ，この点が他のモデルベースの時系列分析との比較における Decomp の特徴であるといえる．

Chapter 10

その他の季節調整法

本書では，ノンパラメトリックな季節調整法の代表として X-11 とその拡張版である X-12-ARIMA を取り上げ，パラメトリックな方法の代表としては TRAMO-SEATS と Decomp を取り上げ，それぞれ 1 章を割いて概要を説明した．これらの手法は実際に多くの統計機関で利用されているが，それ以外にも異なる統計的アプローチに基づく季節調整法がいくつか提案されている．この章ではノンパラメトリック回帰に基づく季節調整法である STL について簡単に説明する．

10.1 STL

STL とは "seasonal-trend decomposition procedure based on LOESS" の略で，Cleveland *et al.* (1990) により提案された季節調整法である．STL は，同じく Cleveland らによって開発されたノンパラメトリック回帰の一つである LOESS 法を季節調整に応用したものである．LOESS 法とは，第 5 章で説明したように，データの散らばりに応じてバンド幅が自動的に調整されるように工夫された局所多項式回帰である．局所多項式回帰によるデータ処理は，最終的には線形な移動平均フィルタとして理解することができるが，移動平均のウェイトはデータ系列の各点においてその周囲の変動の特徴を反映させるように適応的に設定されるため，一般には各点で異なるウェイトの移動平均によって計算が行われる．このため，STL ではデータとは無関係に用意されたフィルタを使用する X-11 とは異なり，データの統計的性質に即したフィルタを用いるが，TRAMO-SEATS のように統計的性質を明示的にモデルで表現して利用するわけでもない，両者の中間的な方法と考えることができる．

10.1.1　処理の流れ

STL では LOESS 法による平滑化がベースとなるが，全体的な処理の流れは X-11 に類似しており，LOESS 法による平滑化を段階的に繰り返し適用してゆくことにより，時系列を要素に分解する．

STL では以下のような作業を繰り返し実行する．

(1) トレンドの除去

→ トレンド系列 T を原系列 Y から差し引いて，残りを季節性 + 不規則成分 SI とする．ただし，初回のループではトレンド系列は得られていないので，原系列 Y をそのまま SI とする．

(2) 各季節ごとの平滑化による季節変動の抽出

→ SI 系列について，同期ごとに LOESS 法による平滑化を行う．例えば，各年の 1 月だけを抜き出した系列を作成し LOESS により均すという操作を，各月について行う．これを SC とする．

(3) SC の平滑化

→ LOESS ではなく移動平均を利用して SC のトレンドを抽出する．これを L とする．

(4) 季節変動の推定

→ SC から L を差し引いた残りを季節変動 S とする．

(5) 季節性の除去

→ 原系列 Y から S を差し引いた残りを A とする．A は季調済系列となる．

(6) トレンドの推定

→ A を LOESS により平滑化した結果をトレンド T とする．

(7) 不規則変動の計算

→ 原系列 Y から T と S を差し引いた残りを不規則変動 I とする．

以上の 7 ステップの操作を複数セット繰り返すことにより，段階的に系列を分解する．また，各セットの計算の終了後に I の変動をチェックし，異常値と思われる値が含まれる場合には，それに応じて次のセットにおける LOESS のウェイトを微調整する．

このような段階的な分解は X-11 とほぼ同様であり，個々の平滑化において固定的な移動平均ではなく，LOESS 法を用いるという点が X-11 との主要な差異である．LOESS 法を用いる利点の一つは，データの端点付近での平滑化や予測値の算出について，特別な手順を導入しなくても自動的に調整された値が得られるという点である．

Chapter 11
国内の官公庁における実例

本章では現在日本国内の主な官公庁で作成・公表されている経済統計が，どのような方法により季節調整されているかを概観する．日本では，EPA 法 (経済企画庁 (1963)) や MITI 法 (通商産業省 (1962)) など，独自に開発した手法が使われている時期もあったが，現在ではほとんどの統計で X-11 および X-12-ARIMA のいずれかが採用されている．しかしながら，X-11 や X-12-ARIMA は，ユーザーが設定できる多くのオプション項目があり，その運用にあたっては，それぞれの実務の現場で適切な工夫が必要とされる．特に X-12-ARIMA については，適切な RegARIMA を選択することが季節調整の安定性のために重要となる．以下では，主要な官庁統計の現場でどのような運用が行われているかを確認する．また，一部の統計では，X-12-ARIMA を利用するにあたって，統計学的に望ましい RegARIMA の選択と，実務上望ましい季節調整値の安定性の確保とのバランスを図りつつモデル替えを行う独自の工夫が行われている．これについてやや詳しく述べる．

11.1　国内の主な官庁統計における季節調整

わが国では，1960 年代に移動平均法をベースにした EPA 法や MITI 法などと呼ばれる季節調整法が開発され，いくつかの省庁で利用されたが，X-11 が公開され実用的手法であるとの評価が確立されるにつれ，X-11 の導入が進められた．主な出来事を列挙すると以下のようになる．

- 米国商務省センサス局で開発
  → 最初のバージョンは 1957 年 (X-1, Shiskin ら)
- センサス局法と呼ばれ改良が進められる
  → 1960 年代初期，X-10 まで

- 日本では1960年代に簡略化された手法が開発された
  → EPA法 (1963年, 経済企画庁), MITI法 (1962年, 通産省)
- センサス局法 X-11 (1965年) では実用的観点からオプションが多く設定され，各国で利用された
  → 経済時系列に当てはまる共通な方式を開発するという従来のコンセプトを放棄
- 1970年代末から順次 X-11 を導入

その後，1996年に X-12-ARIMA の Beta バージョンが一般公開されたのを期に，統計審議会の下に設置された小委員会により X-11，X-12-ARIMA，MITI法，Decomp などの主要な季節調整プログラムの比較検討が行われた．その結果，いずれの方法も，それぞれの特徴はあるものの，おおむね妥当な結果を算出することが確認され，政府統計としては特定のソフトウェアに使用を限定せず，各省庁の判断に委ねるとする方針が示された．ただし，客観性の担保のため，いずれの方法を用いる場合も実際に実施している季節調整の詳細をあわせて公表すべきとの指摘がなされた*1)．こうした点は，X-11 や X-12-ARIMA のように多くのオプション項目をユーザーが独自に設定できるプログラムにおいては特に重要であり，近年は多くの官庁で実際の設定ファイル自体が公表され，利用者が原系列から自分で季節調整を実行し公表されている季調済系列と同一の結果を再現できるようにするという点に注意が払われている．

1990年代後半からは多くの省庁で X-12-ARIMA が導入され，標準的な方法となっている．表 11.1 は総務省のホームページで公開されている平成17年時点での主な省庁の季節調整法を表している．省庁により使用しているソフトウェアは異なるが，同一の省庁の中でも統計ごとに手法が異なる場合もある．これ以降も，いくつかの統計では X-11 を X-12-ARIMA に切り替える検討が進められている．

---

*1) こうした経緯については総務省のホームページ上で公開されている．
http://www.stat.go.jp/index/seido/7-1.htm
また，統計審議会での議論の結果示された一般的な方針が「季節調整法の適用について (指針)」および「「季節調整法の適用について (指針)」の運用要領」としてまとめられている．

表 11.1　主な省庁の季節調整法 (平成 17 年時点)

	季節調整法の種類
内閣府	X-11 (機械受注統計調査，消費動向調査，景気動向指数の採用系列の一部)
	X-12-ARIMA (国民経済計算年報，四半期別 GDP 速報， 四半期別民間企業資本ストック速報，景気動向指数の採用系列の一部)
総務省	X-11
財務省	X-11 (財務省景気予測調査)
	X-12-ARIMA (0.2.9) (法人企業統計調査，国際収支統計)
	X-12-ARIMA (0.2.10) (貿易統計)
厚生労働省	X-12-ARIMA
経済産業省	X-12-ARIMA
国土交通省	X-11
	EPA 法 (船員月間有効求人倍率)
	X-12-ARIMA (その他)
日本銀行	X-12-ARIMA

総務省ホームページより (http://www.stat.go.jp/index/seido/7-2.htm)

11.2　X-12-ARIMA におけるモデル選択の問題

近年では日本国内の主な官庁統計の季節調整で X-12-ARIMA が使用されているが，X-12-ARIMA はユーザーが選択する項目が多く，運用方針は統計によってかなり異なっている．

表 11.2 から表 11.6 は前述の総務省のホームページで公開されている平成 17 年時点での季節調整法の運用状況のうち，X-12-ARIMA に関する内容を抜粋したものである．

系列により統計的特徴や頻度，利用可能期間などが異なるため，それぞれの系列に応じた細かい対応が行われることが理想的ではあるが，こうした官庁統計では定期的に公表を継続する必要があるため，適切な統計処理の実行以外にも，それぞれの統計作成の現場での人的・物理的制約条件を考慮した運用方針を整えることが重要となる．このため，表 11.2 から表 11.6 に示されている運用方針の中には，運用における利便性を優先した統計処理も含まれている．例えば，内閣府や財務省ではオプション選択基準として「RegARIMA モデルを AIC 最小化基準等により選択」といった方針が採用されているが，これはそうした簡便法の一つである.

第 7 章で扱った X-12-ARIMA では，公表済みの過去の季調値の修正が少ない安定的な季節調整を行う上で，RegARIMA モデルをデータに即して適切に選択しなければならない．X-12-ARIMA には自動モデル選択オプションも実装されているが，このオプションは ARMA 部分の次数と階差の次数を同時に決定するために，予測誤差に関連する独自の指標を複数用いてモデル選択が実行される仕組みになっており，ユーザーは各指標の境界値に適切な値を設定する必要がある．境界値にはデフォルトの値が設定されてはいるが，デフォルト値で上手く機能しない場合にはユーザーが値を調整する必要があり，そのための明瞭な手順が存在しないため，自動選択オプションは必ずしも使いやすいものではなかった.

このため，RegARIMA の選択については，通常階差と季節階差をそれぞれ 1 に固定した上で，各 ARMA 次数を 0 から 2 までとした 81 通りのモデルについてすべて推定を行い，AIC などの情報量規準により選択するという自動化された簡便な方法が考案され，内閣府や財務省で採用されている[*2].

なお，財務省の法人企業統計では，AIC によるモデル変更に伴う公表済みの季調値の修正を抑えるため，2011 年 10–12 月期からペナルティ付きのモデル選択法を独自に導入している．最後に次節でこのモデル選択法について説明する.

[*2] X-12-ARIMA の後継プログラムである X-13 では，新たなモデル選択方式が導入されている．新方式では単位根検定により階差次数を決定した後に，BIC により ARMA 次数を決定するという手順が採用されている．したがって，ある意味では「RegARIMA モデルを AIC 最小化基準等により選択」の方針をより一般化した手順となっているため，将来 X-13 の導入が検討される場合には，新しい自動選択オプションの利用も考慮されるべきだと思われる.

表 11.2　X-12-ARIMA の運用状況 (内閣府) 平成 17 年時点

府省等名	調査名	系列	データ期間	オプション選択基準	データ追加に伴う季節調整値の修正頻度
内閣府	景気動向指数	投資環境指数 (総資本額 (製造業))	S49Q4〜H16Q4	RegARIMA モデルの選択:AIC 最小化基準等により選択，閏年調整 (事前調整)，予測期間 4 期	
		大口電力使用量	S50.1〜H16.12	RegARIMA モデルの選択:AIC 最小化基準等により選択，曜日調整，休日調整，閏年調整，予測期間 60 ヶ月	
		営業利益 (全産業)	S49Q4〜H16Q4	RegARIMA モデルの選択:AIC 最小化基準等により選択，予測期間 4 期	
		実質法人企業設備投資 (全産業)	S49Q4〜H16Q4	RegARIMA モデルの選択:AIC 最小化基準等により選択，曜日調整，予測期間 8 期	
	国民経済計算年報	国内総支出	S55Q1〜H5Q4	階差 1 の 81 通りのモデルから AIC 最小化基準で選定	年 1 回 (毎年確報値の公表に合わせて当該年度分のデータを追加し，季節調整替えを行う)
			H6Q1〜H16Q1		
		国民所得・国民可処分所得の分配	S55Q1〜H16Q1		
	四半期別 GDP 速報	GDP 関連項目	S55Q1〜H5Q4	階差 1 の 81 通りのモデルから AIC 最小化基準で選定	各四半期ごとに最新データに基づき季節調整替えを行う．モデル変更については年 1 回 (毎年確報値の公表に合わせ，1 年分のデータを追加して季節調整モデルの変更を行う)
			H6Q1〜最新		
		雇用者報酬	S55Q1〜最新		
	四半期別民間企業資本ストック速報		S55Q1〜H5Q4	標準使用	H6 年第 1 四半期以降を対象に年 1 回 (毎年第 1 四半期までの確報値が揃った段階で，1 年度分のデータを追加して季節調整替えを行う)
			H6Q1〜最新		

表 11.3 X-12-ARIMA の運用状況 (財務省) 平成 17 年時点

府省等名	調査名	系列	データ期間	オプション選択基準	オプション変更	データ追加に伴う季節調整値の修正頻度
財務省	法人企業統計調査(四半期別調査)	項目：売上高，経常利益，設備投資．業種：全産業，製造業，非製造業	S60Q2 以降	RegARIMA モデルの選択:AIC 最小化基準等により選択	年 1 回毎年度第 1 四半期 (4～6 月期) 調査公表時	年 1 回 (毎四半期ごとに，新たなデータを追加して RegARIMA モデルによる推定を行い，当該調査期の季節調整済前期比増加率を公表．過去の増加率の修正は，毎年度第 1 四半期 (4～6 月期) 分の発表日に遡及して行う)
	貿易統計	輸出総額，輸入総額	最新 120 ヶ月	RegARIMA モデルの選択:AIC 最小化基準等により選択	年 1 回	毎月
	国際収支統計	輸出，輸入，輸送，旅行，その他サービス，雇用者報酬，直接投資収益，証券投資収益，その他投資収益	H8.1～H13.12	ARIMA モデル選択：原系列の自己相関度合い・各モデルの AIC 値等，曜日調整および予測機能使用：季節調整の適切性および安定性分析	年 2 回	年 2 回 (前年 12 月分までのデータ (前年 10～12 月分は速報ベースのデータ) を用いて季節調整をかけなおし，全データの遡及計算を行う (3 月頃)．さらに，前年 12 月分までの確報ベースのデータが揃った後，再度季節調整をかけなおし，全データの遡及計算を行う (5 月頃))

表 11.4　X-12-ARIMA の運用状況 (厚生労働省) 平成 17 年時点

府省等名	調査名	系列	データ期間	オプション選択基準	オプション変更	データ追加に伴う季節調整値の修正頻度
厚生労働省	毎月勤労統計調査	各指数および入・離職率 (月次および四半期)	指数作成開始時点から H16 年 12 月まで．指数作成開始時点が S27 年 1 月である系列については，S30 年 1 月から H16 年 12 月まで	継続性を重視し，旧 X-11 の標準型を使用．季節調整のタイプは乗法型	H12 年 1 月分調査から X-11 に替えて X-12-ARIMA を採用．その後特段の見直しは行っていない	年 1 回 (毎年 12 月までのデータが揃った時点で行い，季節調整済指数と季節要素を算出 (季調替え)．それ以降のデータは季節要素を暫定季節要素として用い算出．季調替えに伴うデータ改定は始期に遡及して実行)
	労働経済動向調査	生産・売上，所定外労働時間，常用雇用労働者，臨時・季節労働者，パートタイム労働者，派遣労働者のそれぞれにつき増加事業所割合，減少事業所割合，判断 D.I. の実績，実績見込み	H11 年 2 月調査から H17 年 2 月調査まで (ただし，毎年 2 月調査のデータが揃った段階でデータ追加)	継続性を重視し，旧 X-11 の標準型を使用している．季節調整のタイプは加法型	H12 年 5 月調査から X-11 に替えて X-12-ARIMA を採用．その後特段の見直しは行っていない	年 1 回，第 1 四半期分の集計終了後，過去全期間のデータを季節調整するとともに，向こう 1 年分の予測季節要素を算出し，第 2 四半期から次の年の第 1 四半期までの 4 四半期分は，この予測季節要素をもって季節調整を行う
	職業安定業務統計	求人数，求職者数，求人倍率，就職件数 (月次および四半期)	S38.1〜H16.12 (ただし，毎年 12 月までのデータが揃った段階でデータ追加)	月別移動平均項目 3 × 1，特異項管理限界下限 1.6σ，上限 2.6σ，季節調整タイプ乗法型	S58 年に特異項管理限界を下限 1.5σ，上限 2.5σ から現行のものに改めた以外に行っていない	年 1 回 (毎年 12 月までのデータが揃った時点で行い，季節調整値と季節要素を算出している (季調替え)．それ以降のデータは季節要素を暫定季節要素として用い算出．また，季調替えに伴うデータ改定は，始期に遡及して実行)

表 11.5 X-12-ARIMA の運用状況 (経済産業省・国土交通省) 平成 17 年時点

府省等名	調査名	系列	データ期間	オプション選択基準	オプション変更	データ追加に伴う季節調整値の修正頻度
経済産業省	鉱工業指数	生産・出荷・在庫・在庫率指数，稼働率指数，製造工業生産予測指数	前年から過去 7 年分	AIC 値が小さく，かつ階数が比較的小さいモデルを選択，閏年および祝祭日を加味した 2 曜日調整，予測なしのモデルを選択	基準改定ごと (5 年に 1 回)	年 1 回，前年分の季節指数および季節調整済指数を再計算し，原データの年間補正とあわせて修正する
	規模別製造工業生産指数	生産・出荷・在庫・在庫率指数	前年から過去 7 年分	鉱工業指数 (生産・出荷・在庫・在庫率指数) に準ずる	基準改定ごと (5 年に 1 回)	年 1 回，前年分の季節指数および季節調整済指数を再計算し，原データの年間補正とあわせて修正する
	商業販売額指数		前年から過去 7 年分	AIC 値が小さく，かつ階数が比較的小さいモデルを選択．閏年および祝祭日を加味した 2 曜日調整，予測なしのモデルを選択	基準改定ごと (5 年に 1 回)	年 1 回，前年分の季節指数および季節調整済指数を再計算し，原データの年間補正とあわせて修正する
	第 3 次産業活動指数		前年から過去 7 年分	AIC 値が小さく，かつ階数が比較的小さいモデルを選択．閏年および祝祭日を加味した 2 曜日調整，予測なしのモデルを選択	基準改定ごと (5 年に 1 回)	年 1 回，前年分の季節指数および季節調整済指数を再計算し，原データの年間補正とあわせて修正する
国土交通省	輸送指数		S45.1～H16.6	休日調整・閏年調整		年 2 回
	トラック輸送情報		H1.1～H13.12	休日調整・閏年調整		年 1 回

表 11.6 X-12-ARIMA の運用状況 (日本銀行) 平成 17 年時点

府省等名	調査名	系列	データ期間	オプション選択基準	オプション変更	データ追加に伴う季節調整値の修正頻度
日本銀行	銀行券発行高	銀行券発行高平残, 銀行券発行高末残	S30.1〜H16.12	原系列の ACF や PACF, モデルの AIC 値, 推定パラメータの有意性, Ljung–Box の Q 統計量等をもとに総合的に判断	年 1 回	年 1 回 (毎年 12 月分までのデータが揃った段階で季節調整をかけなおし, 全データについて遡及計算を行う. なお, それまでの各月分 (1〜12 月分) については, 季節要素の予測値 (前年 12 月分までのデータから算出) を用いて季節調整済値を計算し, 公表する)
	マネーサプライ関連統計	M2+CD 平残, 準通貨平残	S42.1〜H16.12	原系列の ACF や PACF, モデルの AIC 値, 推定パラメータの有意性, Ljung–Box の Q 統計量等をもとに総合的に判断	年 1 回	年 1 回 (毎年, M2 + CD の 12 月確報分までのデータが揃った段階で季節調整をかけなおし, 現行ベース計数 (H10 年 4 月〜) の全データについて遡及. なお, それまでの各月分については, 季節要素の予測値を用いて季節調整済値を計算し公表)
		M2+CD 末残, M1 末残	S30.1〜H16.12			
		M1 平残, 現金通貨平残, 預金通貨平残	S38.1〜H16.12			
		広義流動性平残	S55.1〜H16.12			
		マネタリーベース平残準備率調整後, マネタリーベース平残準備率調整前	S45.1〜H16.12	原系列の ACF や PACF, モデルの AIC 値, 推定パラメータの有意性, Ljung–Box の Q 統計量等をもとに総合的に判断	年 1 回	年 1 回 (毎年, 12 月分までのデータが揃った段階で季節調整をかけなおし, 全データについて遡及. なお, それまでの各月分については, 季節要素の予測値を用いて季節調整済値を計算し公表)
	実質輸出入	実質輸出, 実質輸入, 実質貿易収支	S50.1〜H17.2	原系列の ACF や PACF, モデルの AIC 値, 推定パラメータの有意性, Ljung–Box の Q 統計量等をもとに総合的に判断	年 1 回	年 1 回 (毎年, 直近 2 月までのデータが揃った段階で季節調整をかけなおし, 全データについて遡及修正. なお, 先行き 1 年分 (3 月〜翌年 2 月分) については, 季節要素の予測値を用いて季節調整済値を計算)
	販売統計合成指数	店舗調整前, 店舗調整後	H5.4〜H17.3	原系列の ACF や PACF, モデルの AIC 値, 推定パラメータの有意性, Ljung–Box の Q 統計量等をもとに総合的に判断	年 1 回	年 1 回 (毎年 3 月までのデータが揃った段階でデータを追加して季節調整をかけなおし, 全データについて遡及修正)

11.3 安定性を考慮した法人企業統計のモデル選択方式

11.3.1 背 景

法人企業統計四半期別調査では，季節調整値を算出する際に米国商務省センサス局開発の季節調整プログラム X-12-ARIMA を利用している．X-12-ARIMA の使用にあたっては，時系列予測のための内部モデルである RegARIMA モデルを，データの特性にあわせて適切に選択する必要がある．一般に内部モデルの設定が適切であれば，モデルによる短期予測の精度が向上し，安定した季節調整値が算出される．ここで季節調整値の安定性とは，新規データを追加した上で再計算を行っても，過去の季節調整値が大きく修正されないことを指すものとする．

法人企業統計では，モデルの次数を一定の範囲に制約した 81 通りの候補の中から，AIC を最小にするという意味で統計的に最適なモデルを選択するモデル替え作業を，年 1 回程度の頻度で行うことによりモデルの適切性を確保する方針を採用してきた．しかしながら，近年ではリーマン・ショックなどの不安定な経済情勢を反映した不規則なデータの変動のために，定期的なモデル替えが必ずしも良好に機能せず，モデル替え自体が原因となって過去の公表値に無視できないほどの大幅な修正が生じるケースが目立っている．

最新のデータを利用して過去に遡及して推定される季節調整値は新しい情報によって更新された推定値であるので，過去の季節調整値はそもそも逐次的に修正されるべきものであって，修正が生じること自体を特に問題とする必要はないと考える立場もあり得る．しかし法人企業統計に関しては，法人企業統計研究会での議論において，社会的影響の大きい官庁統計としての性格上，一般にあまり大きな修正をもたらすモデル変更は望ましくないという見解が出されたため，これを受けて安定性の確保に配慮したモデル選択法が検討され，2011 年 10–12 月期公表値から採用されることとなった．

11.3.2 季節調整値の安定性の指標とモデル替え

まず t 期までのデータが得られた場合の s 期 $(s \leq t)$ における季節調整値を

$A_{s|t}$ と表記し，この季節調整系列に基づく前期比成長率を

$$R_{s|t} = \frac{A_{s|t} - A_{s-1|t}}{A_{s-1|t}} \times 100 \quad (s \leq t) \tag{11.1}$$

と表すとする．一般に，$R_{s|t}, R_{s|t+1}, R_{s|t+2}, \ldots$ の変化の程度が小さいほど公表済み季節調整値の修正幅が小さく，季節調整の安定性が高いと考えられる．モデル替えが行われる場合には，直近の公表に使用したモデル (以下「現行モデル」と表記) と新たに選択されるモデルとの間で，さらに大きな乖離が発生する可能性がある．

現行モデルによる季節調整値および前期比成長率をそれぞれ $A^c_{s|t}$ および $R^c_{s|t}$ とする．さらに，K 個のモデル候補があるときに，その中の一つを用いた季節調整値および前期比成長率をそれぞれ $A^{(k)}_{s|t}$ および $R^{(k)}_{s|t}$ $(k = 1, \ldots, K)$ とする．

いま t を直近として，$\{R^c_{t|t}, R^c_{t-1|t}, R^c_{t-2|t}, \cdots\}$ が直近の前期比成長率として公表された後に，K 個の候補の中から $t+1$ 期以降の公表に用いるモデルの選択を行う状況を考える．ただし，選択の時点では $t+1$ 期における原数値はまだ利用可能ではないとする．

以上の設定の下で，モデル替えによる現行モデルからの修正の程度を評価するために，指標 $SR^{(k)}_m$ (standard revision) を

$$SR^{(k)}_m = \frac{1}{m} \sum_{j=0}^{m-1} \left| R^c_{t-j|t} - R^{(k)}_{t-j|t} \right| \quad (1 \leq k \leq K) \tag{11.2}$$

と定義する[*3)]．$SR^{(k)}_m$ は，モデル替えによって過去 m 期間の前期比増加率が1期あたり平均何パーセントポイント修正されるかを表している．$SR^{(k)}_m$ を最小にするモデルは明らかに現行モデルであり，$SR^{(k)}_m$ が小さいモデルほど過去の公表値からの修正幅が小さいことを表す．

---

*3) これは二つのデータ系列の間のある種の数学的距離を定義したものであるが，一般には様々な定義の仕方がある．例えば

$$SR^{(k)}_m = \left(\frac{1}{m} \sum_{j=0}^{m-1} \left| R^c_{t-j|t} - R^{(k)}_{t-j|t} \right|^w \right)^{1/w} \quad (1 \leq w) \tag{11.3}$$

のような形式も考えられるが，ここでは直感的に理解しやすい $w = 1$ のケースを採用した．

11.3.3 安定性を考慮したモデル選択

前節で定義した指標を利用し，与えられた境界値 a $(0 \leq a)$ に対して

$$\hat{k} = \arg\min_k AIC^{(k)} \ \text{ subject to } \ SR_m^{(k)} \leq a \tag{11.4}$$

として，モデル $\hat{k}$ を最適モデルとする．ここで $AIC^{(k)}$ はモデル k の AIC を表すものとする．これを手順の形で書き下すと，

(1) K 個の候補モデルのすべてについて，AIC と SR を計算する．
(2) 与えられた境界値 a $(0 \leq a)$ より SR が小さいモデルのみを候補として限定する．
(3) 限定された候補の中から AIC を最小化するモデルを選択する．

となる．

この方法では，$a = 0$ の場合には必ず現行モデルが選択され，$a = \infty$ の場合には現在のモデル選択法と同一の結果が得られる．したがって，SR を利用してモデル候補を限定する方式は，従来のモデル選択法を特殊ケースとして包含する，より一般的な方法になっている*4)．

X-12-ARIMA の通常の運用では，新規データが追加されるたびに内部モデルのパラメータの最尤推定をやりなおすことになるため，モデルの次数を変更しない場合でもアウトオブサンプルの予測値は毎回変更され，過去の推計値も影響を受ける．この効果とモデル変更による効果を分別することは困難だが，本稿で検討した結果によると，モデル変更に起因する修正については，制約条件を設定したモデル選択法を用いることにより，一定程度コントロールすることができると思われる．

しかしながら，制約条件を付加した場合，AIC を最小化するという意味で最適なモデルが必ずしも選ばれないことになるため，これが原因となって点予測

---

*4) t 期において，現行モデルによる成長率 $\{R^c_{t|t}, R^c_{t-1|t}, R^c_{t-2|t}, \cdots\}$ が公表値として発表された後，$t+1$ 期における原数値が内部的に利用できるようになった時点で，$t+1$ 期以降で採用するモデルを選択するケースも考えられる．この場合は修正幅の指標として

$$\widetilde{SR}_m^{(k)} = \frac{1}{m} \sum_{j=0}^{m-1} \left| R^c_{t-j|t} - R^{(k)}_{t-j|t+1} \right| \tag{11.5}$$

を用いることができる．このような“連鎖方式”を利用すれば過去の公表値の修正幅をより確実にコントロールすることができる．ただし，現行の選択方式を含んだ方式にはならない．

の精度が低下するというトレードオフが生じる可能性も考えられる．これについては今後より詳細な検討が必要であろう．

また，シミュレーション結果によると，データ公表の直前に，直近のデータまでを利用してモデル選択を行った方がより安定的な結果が得られる可能性が示唆される．こうした手法は現場での作業負担上の都合により採用が困難であるとは予想されるが，概して X-12-ARIMA では逐次的に設定を修正しつつデータの公表を行うという運用方法に関する機能がやや弱いため，様々な可能性を検討しつつ適切な運用方法を継続的に模索することが必要だと思われる．

参 考 文 献

Akaike, H. (1973) "Information theory and an extension of the maximum likelihood principle," *Second International Symposium on Information Theory*, pp. 267–281.

Akaike, Hirotsugu and Makio Ishiguro (1980) *BAYSEA, A Bayesian Seasonal Adjustment Program.* Institute of Statistical Mathematics.

Bell, William (1984) "Signal extraction for nonstationary time series," *The Annals of Statistics*, 12 (2), 646–664.

Box, G. E. P. and G. M. Jenkins (1976) *Time Series Analysis: Forecasting and Control.* Holden-Day Inc.

Brockwell, Peter J. and Richard A. Davis (1991) *Time Series: Theory and Methods* Second Edition. Springer.

Cleveland, Robert B., William S. Cleveland, Jean E. McRae and Irma Terpenning (1990) "STL: A seasonal-trend decomposition procedure based on loess," *Journal of Official Statistics*, 6 (1), 3–73.

Cleveland, W. and S. Devlin (1980) "Calender effects in monthly time series: Detection by spectrum analysis and graphical methods," *Journal of American Statistical Association*, 75, 487–496.

Dagum, E. (1980) "The X-11-ARIMA seasonal adjustment method," *Statistics Canada*, 12-564E.

Findley, D. F., B. C. Monsell, W. R. Bell, M. C. Otto and B.-C. Chen (1998) "New capabilities and methods of the X-12-ARIMA seasonal-adjustment program," *Journal of Business and Economic Statistics*, 16, 127–152.

Gomez, Victor and Agustin Maravall (1996) "Programs TRAMO (time series regression with arima noise, missing observations, and outliers) and SEATS (signal extraction in arima time series): Instructions for the user," *Documento de Trabajo*, Vol. 9628.

Hannan, Edward J. and Barry G. Quinn (1979) "The determination of the order of an autoregression," *Journal of the Royal Statistical Society. Series B (Methodological)*, 41 (2), 190–195.

Hurvich, Clifford M. and Chih-Ling Tsai (1989) "Regression and time series model selection in small samples," *Biometrika*, 76 (2), 297–307.

Kitagawa, Genshiro and Will Gersch (1982) "A smoothness priors approach to the modeling of time series with trends and seasonalities," *ASA Proceedings of the Busi-*

ness and Economic Statistics Section, pp. 403–408.

Kolmogorov, Andrey Nikolaevich (1941) "Interpolation und Extrapolation von stationaren zufalligen folgen," *Bull. Acad. Sci. USSR, Ser. Math*, 5 (1), 3–14.

Ladiray, Dominique and Benoit Quenneville (2001) *Seasonal Adjustment with the X-11 Method*, Vol. 158. Springer Science & Business Media.

McNulty, M. and W. Huffman (1989) "The sample spectrum of time series with trading day variation," *Economics Letters*, 31, 367–370.

Musgrave, J. C. (1964) "A set of end weights to end all end weights," Unpublished internal note. US Bureau of the Census.

Nerlove, Marc, David M. Grether and Jose L. Carvalho (1979) *Analysis of Economic Time Series: A Synthesis*. Academic Press.

Schwarz, Gideon (1978) "Estimating the dimension of a model," *The Annals of Statistics*, 6 (2), 461–464.

Shiskin, J., A. H. Young and J. C. Musgrave (1967) "The X-11-variant of census method II seasonal adjustment," *Technical Paper* No. 15, Bureau of the Census, U.S. Department of Commerce.

Wiener, Norbert (1949) *Extrapolation, Interpolation, and Smoothing of Stationary Time Series*, Vol. 2. MIT press.

Young, A. (1965) "Estimating trading-day variation in monthly economic time series," *Technical Paper* No. 12, Bureau of the Census, U.S. Department of Commerce.

片山　徹 (2000) 『新版 応用カルマンフィルタ』朝倉書店.

北川源四郎 (1986)「時系列の分解: プログラム DECOMP の紹介」『統計数理』34, 255–271.

北川源四郎 (2005) 『時系列解析入門』岩波書店.

ブロックウェル, P. J., R. A. デービス, 逸見　功他訳 (2000) 『入門時系列解析と予測』シーエーピー出版.

索　引

さ 行

た 行

は 行

ま 行

や 行

ら 行

わ 行

著者略歴

高岡(たかおか) 慎(まこと)

1974年　愛知県に生まれる
2004年　東京大学大学院経済学研究科博士課程修了
現　在　琉球大学法文学部准教授
　　　　博士（経済学）

統計解析スタンダード
経済時系列と季節調整法　　定価はカバーに表示

2015年12月15日　初版第1刷

著　者　高　岡　　慎
発行者　朝　倉　邦　造
発行所　株式会社　朝　倉　書　店
東京都新宿区新小川町6-29
郵便番号　162-8707
電　話　03(3260)0141
F A X　03(3260)0180
http://www.asakura.co.jp

〈検印省略〉

中央印刷・渡辺製本

ISBN 978-4-254-12858-1 C 3341　　Printed in Japan